Volker Penner

Parallelität und Transputer

Volker Penner

Parallelität und Transputer

Von den Grundlagen zur Anwendung: Occam und Transputer, Concurrent Prolog, Linda

Die Deutsche Bibliothek - CIP-Einheitsaufnahme

Penner, Volker:
Parallelität und Transputer: von den Grundlagen zur Anwendung: Occam und Transputer, Concurrent Prolog, Linda / Volker Penner. - Braunschweig ; Wiesbaden : Vieweg, 1992

Der Verlag Vieweg ist ein Unternehmen der Verlagsgruppe Bertelsmann International.

Druck und buchbinderische Verarbeitung: Lengericher Handelsdruckerei, Lengerich
Gedruckt auf säurefreiem Papier

ISBN-13: 978-3-528-05207-2 e-ISBN-13: 978-3-322-84924-3
DOI: 10.1007/ 978-3-322-84924-3

Vorwort

Das Buch ist aus einer Serie von Vorlesungen zur parallelen Programmierung hervorgegangen, die der Autor in den letzten Jahren an der Technischen Hochschule Aachen gehalten hat. Es wendet sich an Studenten der Informatik wissenschaftlicher Hochschulen und Fachhochschulen, darüber hinaus an Studierende anderer Fachrichtungen aus ingenieurwissenschaftlichen Bereichen, die Informatik als Nebenfach gewählt haben. Kenntnisse der theoretischen Informatik werden nicht vorausgesetzt; es wird lediglich ein Grundverständnis der Programmierung erwartet.

Parallele Programme beschreiben Prozesse, die miteinander kooperieren. Sie haben das Ziel, gemeinsam eine gestellte Aufgabe zu lösen. Beim Entwurf eines parallelen Programms sind demnach in erster Linie Prozesse zu definieren, und es sind die zur Kooperation benötigten Kommunikationen und Synchronisationen vorzusehen. Das hat zur Folge, daß die Softwareentwicklung für Parallelrechner im Vergleich zur sequentiellen Programmierung wesentlich komplexer ist: ein koordinierter und sicherer Ablauf setzt Programme voraus, die unabhängig von der Zahl und von Geschwindigkeitsunterschieden der Prozessoren die gewünschten Ergebnisse liefern. Wichtig ist dabei die Vermeidung von Verklemmungen und die Sicherung von Fairneßeigenschaften. Weitere Aspekte betreffen die Steigerung der Effizienz, Fehlertoleranz oder Echtzeitanforderungen. Für fehlertolerante Programme oder für Realzeitprogramme treten Gesichtspunkte in den Vordergrund, die für die Programmierung effizienter Programme irrelevant sein können. Wird durch die Parallelisierung eine Geschwindigkeitssteigerung angestrebt, dann spielt die Lastbalancierung eine zentrale Rolle. Sie betrifft Strategien, welche eine ausgewogene Belastung der Prozessoren und der Kommunikationsbandbreite sichern. Fragen zur Lastbalancierung, Fehlertoleranz oder Realzeitprogrammierung spielen im Buch eine untergeordnete Rolle. Der Schwerpunkt der Darstellung bezieht sich vielmehr auf grundlegende Konzepte und Techniken der parallelen Programmierung.

Das Ziel des Buches besteht darin, die konzeptionellen Grundlagen von Occam, Concurrent Prolog und Linda wie auch praktische Anwendungen in diesen Sprachen darzustellen. Im Hinblick auf den zweiten Aspekt ist die Verfügbarkeit eines Parallelrechnersystems wichtig. Im europäischen Rahmen sind Transputermaschinen verbreitet. Sie spielen in der Forschung eine zentrale Rolle, werden aber auch zunehmend in Produktionsbereichen eingesetzt. Hinzu kommt, daß ihre Weiterentwicklung u.a. durch ESPRIT-Projekte weitgehend gefördert wird. Für ein vertieftes Verständnis der Kommunikation verteilter Prozesse im Transputersystem enthält das Buch Kapitel zur Architektur der Transputer, der Struktur und Arbeitsweise der Verbindungsnetzwerke und der grundlegenden Hilfmittel zur Entwicklung, Übersetzung und zum Laden und Starten von Occam-Programmen. Weitere Kriterien für die Auswahl der Sprachen Occam, Concurrent Prolog und Linda bilden Sprachkonzepte und deren Möglichkeiten zur Formulierung paralleler Abläufe, von Synchronisationsmechanismen und Kommunikationsstrukturen.

Das Buch umfaßt sieben Kapitel. Im ersten wird eine Einordnung vorgenommen, und es werden Sprachmittel zur Spezifikation paralleler Abläufe dargestellt, die für imperative und logische Sprachen von Bedeutung sind. Ein wichtiges Unterscheidungsmerkmal betrifft dabei die Kommunikation: sie kann durch geteilte Variable vermittelt werden oder durch den Austausch von Nachrichten erfolgen. Die einschlägigen Sprachmittel zur Beschreibung einseitiger und mehrseitiger Synchronisationen und die Sprachmittel für den Austausch von Nachrichten sind zusammen mit einer Reihe von Beispielen (Betriebssystem, Leser-Schreiber-Problem, Speisende Philosophen) in den Kapiteln zwei und drei enthalten. Das vierte Kapitel umfaßt eine Einführung in Occam und in parallele Transputerarchitekturen. Das Schwergewicht betrifft die Implementation der Prozesse, Kommunikationsmechanismen über Links und die Konfiguration, d.h. die Möglichkeiten zur Abbildung von Prozessen und Kommunikationskanälen auf Hardwarekomponenten. Das Kapitel enthält Einzelheiten zur Transputer-Architektur und der im Rahmen des Transputer Development Systems verfügbaren Mechanismen zur Programmierung, Übersetzung, zum Laden und Starten von Occam-Programmen. Ferner werden die grundlegenden Paradigmen der Occam-Programmierung anhand von zahlreichen Beispielen (Speisende Philosophen, eine parallele Version des Siebverfahrens nach Eratothenes, Puffer, Multiplexer, Demultiplexer, Farmer-Worker-Prozeßstrukturen etc.) für unterschiedliche Topologien diskutiert. Kennzeichnend für Transputermaschinen sind dynamisch rekonfigurierbare Verbindungsnetzwerke auf der Grundlage des C004-Kommunikationsbausteins. Das fünfte Kapitel enthält neben allgemeinen Konstruktionsprinzipien Möglichkeiten zur Realisierung von Netzwerken unter Verwendung von C004-Chips. Zur Illustration der dynamischen Laufzeitrekonfigurierung wird als Beispiel ein System, bestehend aus 16 Transputern und einem Kontrollprozessor, herangezogen. Das folgende sechste Kapitel umfaßt die Grundlagen der logischen Programmierung und zahlreiche Beispiele von Concurrent Prolog-Programmen. Im Unterschied zu imperativen Sprachen haben logische Sprachen deklarativen Charakter und lassen daher Spielraum für eine Reihe unterschiedlicher Interpretationen. Während Prolog eine sequentielle Semantik vorsieht, unterliegt einem Concurrent-Prolog-Programm ein Prozeßmodell, welches die Implementation stromparalleler Abläufe unterstützt. Aufbauend auf der operationalen Interpretation von Horn-Klausel-Programmen wird im Buch das für parallele logische Sprachen wichtige Prozeßmodell dargestellt und an Beispielen demonstriert. Diese zeigen vielfältige Möglichkeiten zur dynamischen Erzeugung von Prozessen und Kommunikationsstrukturen. Das letzte Kapitel enthält eine Einführung in Linda. Die Linda-Konzepte beziehen sich auf ein Kommunikationsmodell, welches eine Drei-Punkte-Kommunikation mit einem Assoziativspeicher (den sog. Tuple-Space) als Mittler zwischen kooperierenden Prozessen vorsieht. Bedeutsam ist die Tatsache, daß der übliche durch Adressen charakterisierte Speicher durch einen Assoziativspeicher ersetzt wird. Die Speicherelemente sind Tupel symbolischer Daten. Für Leseoperationen oder für die Entfernung von Tupeln aus dem Speicher sind Suchmuster maßgebend, die sich mit passenden Tupeln "matchen" lassen. Dieser Mechanismus, zusammen mit der zeitlich sowie räumlich entkoppelten Kommunikation, erlaubt eine besonders flexible Programmierung, welche die im Zusammenhang mit Occam und den logischen Sprachen diskutierten Paradigmen umfaßt. Zur Demonstration der Flexibilität von C-Linda werden Programmiertechniken (Austausch von Botschaften, verteilte Datenstrukturen, lebendige Datenstrukturen) mit grundlegenden Ansätzen zur Entwicklung (Spezialistenparallelität, Agendaparallelität, Resultatparallelität) paralleler Programme gebracht.

Die im Buch diskutierten Konzepte werden intuitiv eingeführt, und es wird darauf verzichtet, auf präzisierte semantische Modelle zur Charakterisierung grundlegender Begriffe (Prozeß, Synchronisation, Kommunikation, Deadlock, Livelock etc.) oder Logikkalküle zur Ableitung von Programmeigenschaften einzugehen. Der Text setzt keine Spezialkenntnisse dieser Art voraus. Es wird lediglich ein Grundverständnis der bei der Programmierung vorkommenden Modellvorstellungen und Standardtechniken erwartet. Dies trifft insbesondere auf das Kapitel über parallele logische Sprachen zu, wo aus Platzgründen eine gestraffte Darstellung der Grundlagen gewählt wurde. Jedem Kapitel ist eine Einleitung vorangestellt, welche auf die jeweils relevanten Begriffe, Anwendungen etc. verweist. Den Abschluß bilden Hinweise auf ausgewählte Literaturquellen, an denen sich die Stoffauswahl das jeweilige Kapitel besonders orientiert hat. Ferner sind zahlreiche Beispiele vorgesehen, die teilweise mehrfach aufgegriffen werden und damit einen Vergleich der Formalismen ermöglichen.

Aachen, im April 1992 Volker Penner

Inhalt

Verzeichnis der Programme

Kapitel V

Kapitel VI

Kapitel VII

Verzeichnis der Bilder

Kapitel I
Grundlagen

Die Möglichkeiten zur Nutzung von Parallelität und die Sprachmittel zur Formulierung paralleler Abläufe hängen u.a. vom verwendeten parallelen Computersystem ab. Dieses ist durch die zugrunde liegende *Architektur*, durch das *Betriebssystem*, die verfügbaren parallelen Sprachen und durch *Werkzeuge* zur Entwicklung, zum Laden, Start, zur Überwachung und zum Test paralleler Programme gekennzeichnet.

1 Architekturen und Sprachen

Unterschiede paralleler Architekturen beziehen sich auf Kontrollmechanismen (Datenfluß, Programmfluß), die synchrone- oder asynchrone Arbeitsweise (SIMD: single instruction, multiple data, MIMD: multiple instruction, multiple data [Fly 72]), die Kommunikation (geteilter Speicher, Privatspeicher), die Struktur der Knotenrechner (dezidierte Architektur, Allzweckrechner) etc. Im Bereich der parallelen Programmierung zeigt sich, daß logische (Prolog, Strand, GHC, Parlog, Concurrent Prolog), regelbasierte (OPS5), funktionale und objekt-orientierte Sprachen (Pure Lisp , FP, Miranda, POOL) an Bedeutung gewinnen. Dieser Trend wird nicht zuletzt durch nationale und internationale Forschungsprogramme (ESPRIT, FGCS etc.) gefördert. Bei den im Rahmen dieser Programme entwickelten oder geplanten Maschinen für funktionale-, logische-, single-assignment- und objekt-orientierte Sprachen steht die Leistungssteigerung durch die Nutzung von Parallelität im Vordergrund. Dies trifft auch auf konnektionistische Rechner (Connection Machine) und Netzsprachen (NETL) und auf Multiprozessorsysteme mit MIMD-Kontrollstuktur (Transputer, iWarp, iPSC) und zugehörige imperative Sprachen (Occam, Ada) zu. Im traditionellen Bereich reicht die Spannweite von *Vektorrechnern* der SIMD-Klasse über *Multiprozessorsysteme* mit *geteilten* Speichern (shared-memory- oder eng gekoppelte Rechner) bis hin zu *verteilten* Systemen (Multiprozessorsystem mit privaten Speichern, die einzelnen Prozessoren zugeordnet sind), mit MIMD-Kontrollstruktur. Vektormaschinen werden bevorzugt für Aufgaben verwendet, zu deren Lösung parallele Verfahren auf der Grundlage von Datenpartitionierungen herangezogen werden (Datenparallelität). Im Unterschied hierzu unterstützen Multiprozessorsysteme Zerlegungen von Algorithmen in kooperierende Teile auf der funktionalen Ebene. Die im Buch dargestellten Konzepte und Sprachen gehen von MIMD-Architekturen aus, wobei *Transputer*-Maschinen im Vordergrund stehen.

2 Betriebssysteme und Werkzeuge

Unterschiede der Betriebssysteme oder der Systemimplementationssprachen für MIMD-Rechner betreffen zunächst allgemeine Eigenschaften, die auf einen vorgesehenen Einsatzbereich und auf grundlegende Entwurfsentscheidungen zurückgehen. Zu diesen zählen *Echtzeit-* und *Fehlertoleranzeigenschaften*. Ein weiteres Merkmal ist die *Benutzerschnittstelle*, die zwischen einer virtuellen Einprozessor-Sicht und einer Netzwerkarchitektur variieren kann. Im ersten Fall übernimmt das Betriebssystem Aufgaben, welche die Erzeugung, Vernichtung, Verteilung, Migration etc. von Prozessen, die Manipulation der Kommunikationsstruktur und die Speicherverwaltung betreffen. Im zweiten Fall dagegen verfügt der Programmierer über explizite Möglichkeiten zur Abbildung der Prozesse und der Kommunikationsstruktur auf das parallele System. Amoeba [Mul 86], Helios [Per 89] als Betriebssystem und C-Linda [Gel 85] als parallele Programmiersprache zählen zur ersten Kategorie, während Occam zusammen mit TDS [INM 84] ein Beispiel für den zweiten Ansatz ist. Weitere Unterschiede betreffen Abstraktionen sowohl im Bereich der Kontroll- wie auch im Bereich der Kommunikationsmechanismen. Verteilte Betriebssysteme und Systemimplementationssprachen definieren häufig Abstraktionen für parallele Prozesse mit Synchronisations- und Kommunikationsmechanismen auf der Grundlage geteilter Adreßbereiche. Für die Kommunikation zwischen diesen "multithreaded" Prozessen dienen in der Regel Mechanismen zum Austausch von Nachrichten. Occam ist dagegen elementar. Die Sprache setzt unmittelbar auf den Maschineninstruktionen und der durch Firmware implementierten Prozeßverwaltung und Prozeßkommunikation auf. Für Occam-Programme bleibt die zugrunde liegende Struktur des Parallelrechners sichtbar, und der Benutzer übernimmt Aufgaben, die "eigentlich" von einem Betriebssystem wahrgenommen werden sollten. Aufgaben, die mit der Vermeidung von Deadlocks, der Granularität und der Verteilung von Prozessen und der Abbildung von Occam-Kanälen auf Transputerlinks zusammenhängen, sind vom Programmierer wahrzunehmen. Im Unterschied hierzu stützen sich Implementationen paralleler logischer Sprachen oder Linda-Implementationen auf Betriebs- und Laufzeitsysteme, die spezifisch für diese Sprachen entwickelt sind. Für den Benutzer ist die zugrunde liegende Architektur transparent.

Werkzeuge

Die Akzeptanz von Parallelrechnern hängt insbesondere davon ab, inwieweit Hilfsmittel zur Verfügung stehen, welche eine wesentlich vereinfachte Programmierung ermöglichen, und die eine Parallelverarbeitung garantieren, welche durch Einbezug der Ressourcen, des Kommunikationsaufwandes, der Granularität etc. optimal gesteuert wird. Entwicklungs- und Laufzeitumgebungen für parallele Sprachen mit einem Reifegrad, vergleichbar dem sequentieller Systeme, existieren zur Zeit nicht. Für die parallele Programmierung werden neben traditionellen Werkzeugen zur Entwicklung und zum Debuggen von Programmen aus dem sequentiellen Bereich zusätzliche Hilfsmittel für die Überwachung paralleler Aktivitäten, für die Abschätzung der Belastung einzelner Prozessoren oder zur Ableitung von Aussagen zum Speedup benötigt. Arbeiten auf diesem Gebiet sind z. Zt. weitgehend in der Entwicklungs- und Erprobungsphase.

3 Parallelität in Sprachen

Sequentielle Sprachen gestatten die Formulierung *transformierender* Programme, die beim Start mit Eingabedaten versorgt werden, und von denen eine erfolgreiche Terminierung und eine Ausgabe von Ergebnissen erwartet wird. Ergänzend erlauben parallele Sprachen die Spezifikation *reaktiver* Programme, die einen interaktiven Dialog mit der Umwelt oder anderen Systemen aufrechterhalten. Zur Beschreibung dieses Verhaltens werden *Prozesse*, Mechanismen zur *Kommunikation* und Regeln zur *Synchronisation* herangezogen. Für die Verwaltung und Kooperation von Prozessen auf MIMD-Maschinen ist entscheidend, ob die zugrunde liegende Architektur über einen geteilten Speicher verfügt, oder ob es sich um ein verteiltes System mit ausschließlich lokalen Speichern und einem Verbindungsnetzwerk zur Kommunikation handelt.

3.1 Geteilte Variable

In eng gekoppelten Systemen spielen Synchronisationsmechanismen auf der Grundlage geteilter Variablen

- zum gegenseitigen Ausschluß und
- zur Reihenfolgesteuerung

eine Rolle. Zur Programmierung sehen Sprachen u.a. *Schloßvariable*, *Semaphore*, *kritische Abschnitte* und *Monitore* vor. Implementiert werden diese Konzepte unter Verwendung unteilbarer *Test-and-Set-* oder *Exchange*-Operationen etc., die alle auf der Benutzung geteilter Datenstrukturen beruhen. Die erwähnten Konzepte sind im Zusammenhang mit der Entwicklung von Timesharing-Betriebssystemen für Einprozessormaschinen eingeführt und zur Implementation von Multiprocessing verwendet worden. Prozesse eines Timesharing-Betriebssystems werden zur Unterscheidung paralleler Prozesse, die auf einer Parallelarchitektur zeitgleich ausgeführt werden, *nebenläufig* genannt. Häufig spricht man von *konkurrenten* Prozessen und läßt dabei offen, ob es sich um wahre oder nebenläufige Parallelität handelt.

3.2 Austausch von Botschaften

Rendez-Vous-, *Mailbox*-Konzepte oder *Ports* haben Mechanismen zum Austausch von Botschaften (*message passing*) als Grundlage. An die Stelle des Schreibens und Lesens von Daten tritt das Senden und Empfangen von Nachrichten, und an die Stelle der geteilten Variablen tritt der Kommunikationskanal. Die grundlegende Kommunikation wird mit Hilfe von Anweisungen

- <u>send</u> message <u>to</u> receiver

zum *Senden* einer Nachricht an einen Empfänger oder an eine Empfängergruppe (*multicast*, *broadcast*) und Anweisungen

- <u>receive</u> variable <u>from</u> sender

zum *Empfang* einer Nachricht ermöglicht.
Die Kommunikation zwischen Prozessen kann *synchron* oder *asynchron* erfolgen. Eine synchrone Übertragung setzt voraus, daß die Ausgabe- und Eingabeoperation der beteiligten Prozesse zur Kommunikation bereit sind. Sende- wie Empfangs-Operationen sind *blockierend*, und es ergeben sich Wartezeiten, deren Dauer i.a. nicht abgeschätzt werden kann. Bei asynchroner Übertragung fallen Wartezeiten zur Synchronisation weg, die Sendeoperationen sind *nichtblockierend* und beeinträchtigen den Prozeß nur für die Dauer der Übergabezeit der Daten an das Kommunikationsmedium.

3.3 Parallele Programmierung

Zu den üblichen Problemen beim Entwurf eines Programms

- partielle Korrektheit
- Terminierung
- Eigenschaften wie Robustheit etc.

treten im parallelen Bereich u.a. hinzu:

- Vermeidung von Deadlocks, Livelocks, Sicherung von Fairneß
- Steigerung der Effizienz
- Granularität und Abbildung der Prozesse (process mapping)

- Auslastung der Prozessoren (load balancing)

Die Erfahrung zeigt, daß eine weitgehende Parallelisierung zu leistungsschwachen Prozessen führt, die über eine aufwendige Kommunikationsstruktur miteinander kooperieren. Ein Problem für den Programmierer oder für ein Betriebssystem besteht darin, die Granularität von Prozessen so einzurichten und Prozesse so auf Prozessoren abzubilden, daß

- Prozessoren ausgewogen belastet werden
- der Kommunikationsoverhead den Gewinn an Performance nicht zunichte macht
- und zugleich gewährleistet wird, daß keine zu langen Kommunikationswege zwischen Prozessen entstehen (locality)

Die Entwicklung automatischer Verfahren zur Erzeugung paralleler Programme mit zugesicherten Eigenschaften im Hinblick auf ihre Effizienz, Fehlertoleranz etc. steckt zur Zeit in den Anfängen. Im Hinblick auf die Effizienz werden Verfahren benötigt, die eine gleichmäßige Verteilung der durch die Prozesse eines parallelen Programms hervorgerufenen Last garantiert und zugleich sichert, daß der Aufwand für die Kommunikation minimiert, gleichmäßig verteilt und die Kommunikationskapazität zwischen je zwei Prozessoren nicht überlastet wird (communication balancing). Für diese Zwecke sind Prozesse feiner Granularität wünschenswert, so daß durch Multiprocessing eine überlappte Nutzung der Prozessor- und Kommunikationsleistung ermöglicht wird. Für den praktischen Einsatz einer parallelen Sprache ist wichtig, bis zu welchem Grade eine automatische Parallelisierung impliziter Parallelität möglich und sinnvoll ist, und inwieweit die Parallelisierung vom Benutzer durchgeführt werden muß. Die Automatisierung des Mapping- und Load-Balancing-Problems wird als sehr schwierig angesehen. Im Fall einer statischen Sprache wie Occam sind die Prozesse und die Kommunikationskanäle durch den Programmtext vorgegeben, und das Mapping-Problem besteht in der Abbildung des Prozeßgraphen auf die Hardwaretopologie. Aufgrund der NP-Vollständigkeit [Bok 81] optimaler Verfahren hierfür empfehlen sich suboptimale heuristische Suchverfahren [She 88], oder Verfahren auf der Grundlage des Simulated Annealing [FKW 87][DSS 88] oder evolutionärer [MGK 87] Algorithmen. Auf Einzelheiten der Algorithmen wie auch auf das Mapping- und Load-Balancing-Problem kann im Rahmen dieses Buches nicht eingegangen werden.
Wir beschreiben im folgenden einige Ansätze zur Parallelisierung, die für Concurrent Prolog, Occam und Linda von Bedeutung sind.

3.4 Logische Sprachen

Der Nichtdeterminismus logischer Sprachen ist Grundlage für zwei parallele Auswertungsstrategien [Con 83]:

- Auswahl mehrerer Teilziele aus dem Körper von Programmklauseln für und-parallele Auswertungen (Und-Parallelität)
- parallele Anwendung mehrerer Klauseln je Teilziel (Oder-Parallelität)

Die Kommunikation und-paralleler Teilziele erfolgt über geteilte Variable und kann inkrementell geschehen. Die Anwendung rekursiver Klauseln führt häufig zu Folgen gleichartiger Substitutionselemente, die stets in einer Richtung von einem *Produzenten* zu einem *Konsumenten* transferiert werden. Es entstehen Ströme partieller Bindungen, die in Form einer Pipeline *stromparallel* verarbeitet werden können. Im folgenden Beispiel

```
filter([N|Is],P,Out)  :-
        N=0 mod P,filter(Is,P,Out).
filter([N|Is],P,[N|Out])  :-
        N≠0 mod P,filter(Is,P,Out).
filter([],P,[]).
```

Programm 1: Stromparallele Filter-Klauseln

ist die Eingabeliste auf der ersten Parameterposition von filter als ein Strom von Listenelementen aufzufassen. Diese Interpretation ist naheliegend, weil jede Anwendung einer Filter-Klausel die Verarbeitung eines Listenelementes vorsieht. Ist für den rekursiven Filter-Aufruf ein erstes Element der Eingabeliste bekannt, dann kann der nächste Ableitungsschritt erfolgen. Auf diese Weise ergibt sich ein Pipelinebetrieb zwischen Filter-Prozessen auf der Grundlage eines Stroms von Listenelementen. Zur Synchronisation der stromparallelen Arbeitsweise sehen parallele logische Sprachen wie Parlog [ClGr 86], Guarded Horn Clauses (kurz: GHC) [Ueda 85], Concurrent Prolog [Sha 86] zusätzlich zu erfolgreichen und fehlschlagenden Unifikationen noch Suspendierungszustände vor, die anzunehmen sind, falls Unifikationen aufgrund fehlender Bindungen nicht durchgeführt werden können. Die Sprachmittel zur Beschreibung dieser durch Datenflüsse bestimmten Synchronisationen sind unterschiedlich. Concurrent Prolog verwendet Annotationen und gestattet die Auszeichnung von Read-Only-Variablen, Parlog unterscheidet Input- und Output-Positionen und GHC sieht entsprechende Mechanismen im Rahmen der Semantik vor. Für eine Sprache dieser Art ist eine prozeßorientierte Semantik vorgesehen, die Aufrufe durch Prozesse modelliert und geteilte Variable als Kanäle zum Transfer von Bindungen verwendet. Für die Parallelität dieser Sprachen

ist wichtig, daß auf die Nutzung der vollen Oder-Parallelität verzichtet wird und stattdessen eine *Oder-parallele* Suche nach Klauseln für den nächsten Reduktionsschritt mit einer nachfolgenden *Committed-Choice*-Operation für die endgültige Auswahl einer Klausel vorgesehen ist.
Zusätzlich zu den erwähnten Möglichkeiten lassen sich parallele Verfahren zur Unifikation heranziehen. Für Compiler-orientierte Implementationen auf der Grundlage etwa der Warren-Abstract-Machine [War 83] bestehen weitere konventionelle Methoden durch Organisation des Instruktionszyklus in Form einer Pipeline. Ein diesbezüglicher Ansatz wird in [TiWa 84] verfolgt. Aus Platzgründen wird auf diese sog. *low-level*-Parallelität nicht weiter eingegangen.

3.5 Imperative Sprachen

Für imperative Sprachen gibt es eine Reihe von Ansätzen, die auf der Vorstellung sich aufspaltender Kontrollflüsse [DeHo 66][Hoa 78][vWij 75] beruhen und die es erlauben, entsprechende Konstrukte explizit in den Programmtext einzubauen. In Anlehnung an Sprachmittel zur Abstraktion von Teilaufgaben mit Hilfe von Prozeduren oder Typen zur Datenabstraktion verfügen Hochsprachen wie Concurrent Pascal [Bri 75], Modula [Wir 77], Ada [DoD 81] etc. über Möglichkeiten zur Deklaration von Prozessen oder Prozeßtypen. Parallele Programme umfassen i.a. mehrere Teile, die mit Hilfe kooperierender und konkurrenter Prozesse implementiert werden können. Ein einfaches Betriebssystem z.B. kann aus drei konkurrenten Prozessen zum Einlesen von Lochkarten in einen Eingabepuffer, zum Ausführen von Jobs und zur Ausgabe von Textzeilen aus einem Ausgabepuffer auf den Drucker bestehen. Die Kommunikation erfolgt über geteilte Speicherbereiche: der Prozeß zur Jobbearbeitung hat Zugriff zum Eingabe- wie zum Ausgabepuffer, während der Leseprozeß (Druckerprozeß) Zugriffsrechte lediglich zum Eingabepuffer (Ausgabepuffer) hat.

3.5.1 Synchronisation

Die Kooperation konkurrenter Prozesse setzt voraus, daß Möglichkeiten zur Kommunikation bestehen. Für diese Zwecke sind die Aktivitäten der Prozesse zu koordinieren, d.h. die Prozesse müssen sich synchronisieren, um eine korrekte Aufeinanderfolge von Aktivitäten zu gewährleisten. Dies hat ggf. zur Folge, daß Prozesse zeitweilig *suspendiert* werden müssen. Im Fall des Betriebssystems z. Bsp. muß dafür gesorgt werden, daß der Druckerprozeß resp. die Jobauswertung bei der Entnahme von Daten aus einem Puffer stets Textzeilen bzw. Interndarstellungen von Lochkarten dort vorfindet. Dies kann durch Synchronisationsmaßnahmen erreicht werden. Man spricht in diesem Fall von *einseitiger* Synchronisation, weil sich die Maßnahme lediglich auf einen von mehreren Prozessen auswirkt.

Weiter ist für eine korrekte Arbeitsweise erforderlich, daß nicht zugleich zwei Prozesse zum gleichen Puffer zugreifen. Zur Behandlung von Konflikten dieser Art sind Maßnahmen zum gegenseitigen Ausschluß notwendig. Diese wirken sich auf beide Prozesse aus: die Ausführung eines Prozesses muß zurückgestellt werden, wobei irrelevant ist, welcher von beiden gewählt wird. Man spricht daher auch von *mehrseitiger* Synchronisation.

3.5.2 Parallele Kontrollflüsse

Nach dem Kaltstart eines Prozessors veranlaßt ein zunächst ablaufender Urlader, daß ein weiteres Ladeprogramm eingelesen wird. Der Urlader wird durch das zweite Ladeprogramm ersetzt, und dieses wird ggf. durch weitere Programme und schließlich durch das Betriebssystem verdrängt. Es entstehen Prozesse, die durch Eltern-Kind-Beziehungen voneinander abhängig sind. Im Beispiel sind die jeweiligen Elternprozesse überflüssig und terminieren nach Erzeugung des Kindprozesses. *Prozeßablösungen* dieser Art sind für die parallele Programmierung uninteressant: es existiert stets nur ein Prozeß.
Alternativen hierzu können vorsehen:

- Elternprozesse werden suspendiert und wieder reaktiviert, falls
  a) ein Kindprozeß dies explizit vorsieht oder
  b) der Kindprozeß terminiert
- Eltern- und Kindprozesse arbeiten konkurrent weiter.

Suspendierung mit expliziter Reaktivierung

Modula-2 [Wir 82] und Simula [NyDa 78] z. Bsp. erlauben die Spezifikation nebenläufiger Prozesse mit Hilfe von *Coroutinen*, die sich gegenseitig in Wartezustände versetzen und in expliziter Weise wieder reaktivieren können. Coroutinen haben ein ähnliches Aussehen wie Prozeduren, allerdings dürfen zu ihrem Aufbau <u>resume</u>-Anweisungen verwendet werden, mit deren Hilfe Sprünge in andere Coroutinen festgelegt werden. Wird dabei eine Coroutine erstmalig angesprungen, erfolgt der Sprung an den Anfang des ausführbaren Codes, anderenfalls wird ein Sprung unmittelbar hinter die zuletzt ausgeführte Resume-Anweisung veranlaßt. Dieser Mechanismus vermeidet hierarchische Abhängigkeiten, die für Prozeduraufrufe kennzeichnend sind und erlaubt die Spezifikation nebenläufiger und gleichrangiger Prozesse. Coroutinen sind z.B. unmittelbar geeignet, den Mehrprozeß- oder Mehrprogrammbetrieb auf Einprozessoranlagen zu spezifizieren: es ist stets ein Prozeß laufend, und Prozeßwechsel erfolgen anhand von Resume-Anweisungen.
Im folgenden Bild 1 beschreiben Pfeile die Programmkontrolle:

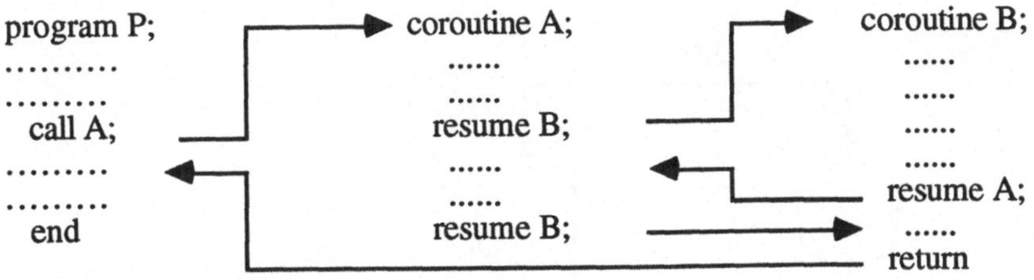

Bild1: Coroutinen

Suspendierung mit impliziter Reaktivierung
Mit Hilfe von Konstrukten [Dij 68] der Form

$$\underline{\text{parbegin}}\ S_1 \parallel S_2 \dots S_{n-1} \parallel Sn\ \underline{\text{parend}}$$

Bild 2: Parbegin-Parend-Kontrollstruktur

lassen sich in strukturierter Weise parallele Prozesse S_i spezifizieren. Der Kontrollfluß wird für die S_i in konkurrente Kontrollflüsse zerlegt und am Ausgang wieder zusammengefaßt (single entry - single exit). Bei der Ausführung des Konstrukts wird der Elternprozeß suspendiert, und die Prozesse S_i werden konkurrent gestartet. Eine Reaktivierung des Elternprozesses erfolgt nach Terminierung aller S_i. Varianten dieses Konstrukts finden sich u.a. in ALGOL 68, CSP, Occam [INM 88a].

Nebenläufige Eltern-und Kindprozesse
Die Aufspaltung und Sammlung von Kontrollflüssen mit Hilfe von Parbegin-Parend-Konstruktionen führt zu regelmäßigen und übersichtlichen Strukturen. Flexibler sind dagegen Fork-Join-Strukturen, welche gezielte Aufspaltungen und Zusammenfassungen von Kontrollflüssen gestatten. Die Ausführung von fork P durch einen Elternprozeß führt zum Start eines Kindprozesses zu P und bewirkt, daß Eltern- wie Kindprozeß konkurrent weiterlaufen. Eine Zusammenfassung der Kontrollpfade kann mit Hilfe von join P im Programmtext des Elternprozesses erfolgen. Eine Auswertung führt zur Synchronisation beider Prozesse nach Terminierung von P. Aufgrund der Tatsache, daß fork's in Schleifen und Verzweigungen vorkommen dürfen, lassen sich dynamisch eine unbeschränkte Zahl von Prozessen erzeugen.
Das Programm fork P_1; P_2; fork P_3; join P_1; P_4; join P_3; beschreibt Prozesse, deren Aufspaltungen und Zusammenfassungen im folgenden Bild 3 dargestellt sind:

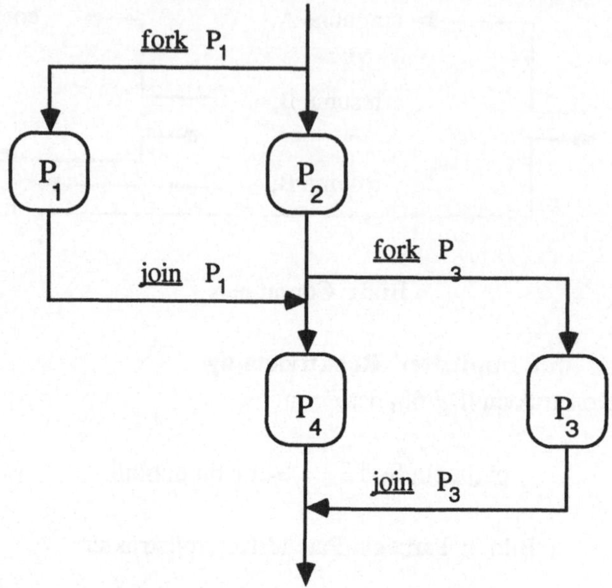

Bild 3: Fork-Join-Kontrollstruktur

Deklaration von Prozessen

Zur Vermeidung unübersichtlicher paralleler Strukturen erlauben einige Hochsprachen die Deklaration von Prozessen oder von Prozeßtypen. Unterschiede betreffen die Möglichkeiten zur dynamischen Erzeugung von Prozessen. Distributed Processes [Bri 78] z.B. verbindet die Deklaration eines Prozessen implizit mit seiner Generierung. Darüber hinaus erlauben Concurrent Pascal und Modula in der Initialisierungsphase eine Generierung von Mehrfachinstantiierungen deklarierter Prozesse. Insgesamt ist aber die Zahl der Prozesse durch das Programm statisch festgelegt. Ada [DoD 81] schließlich ermöglicht eine dynamische Generierung von Prozessen.

Im folgenden Beispiel sei angenommen, daß mit der Deklaration eines Prozesses seine Generierung verbunden sei.

```
program OPSYS;
  var input_buffer:array[0..N-1] of cardimage;
      output_buffer[0..N-1] of lineimage;

  process reader;
    var card:cardimage;
    loop
        read card from cardreader;
        deposit card in input_buffer
    end
```

```
  end;

  process executer;
    var card:cardimage;
        line:lineimage;
    loop
        fetch card from input_buffer;
      process card and generate line;
        deposit line in output_buffer
    end
  end;

  process printer;
    var line:lineimage;
    loop
        fetch line from output_buffer;
        print line on lineprinter
    end
  end

end.
```

Programm 2: Deklaration von Prozessen

Das Programm modelliert das erwähnte Betriebssystem. Es besteht aus drei Prozessen, die in Form einer Pipeline miteinander kooperieren. Einzelheiten zur Synchronisation werden im folgenden Kapitel dargestellt.

Kapitel II

Kommunikation auf der Grundlage geteilter Variabler

Die Kommunikation von Prozessen kann durch Variable vermittelt werden, die für mehrere Prozesse gleichermaßen zugänglich sind und daher *geteilte* (shared variables) Variable heißen.

1 Synchronisation

Das Beispiel OPSYS (Programm 2 aus Kapitel I, 3.5.2) zeigt die grundlegenden Synchronisationsmechanismen: Die Integrität geteilter Daten wird mit Hilfe von Maßnahmen zum gegenseitigen Ausschluß gewährleistet, und die korrekte Reihenfolge der Aktivitäten verschiedener Prozesse kann durch einseitige Synchronisationen gesichert werden.

1.1 Standardbeispiele

Wir betrachten im folgenden eine Reihe von Standardbeispielen, die in der Literatur gern für Demonstrationszwecke verwendet werden:

Leser-Schreiber-Probleme

Leser-Schreiber-Probleme eignen sich zur Demonstration von Synchronisationsaufgaben, die sich mit Hilfe von Mechanismen zum gegenseitigen Ausschluß lösen lassen. Es handelt sich um Prozesse mit lesendem- resp. schreibendem Zugriff auf geteilte Variable. Unterschiede betreffen Prioritätsregeln bei der Nutzung geteilter Ressourcen.

Speisende Philosophen

Das folgende Bild zeigt einen gedeckten Tisch für fünf Philosophen, die in zyklischer Weise abwechselnd erst denken und danach essen. Jeder Philosoph verfügt über einen Teller und ein Eßstäbchen rechts von ihm (dies sei "sein Stäbchen"). Zum Essen werden beide Stäbchen rechts und links vom Teller des jeweiligen Philosophen benötigt.

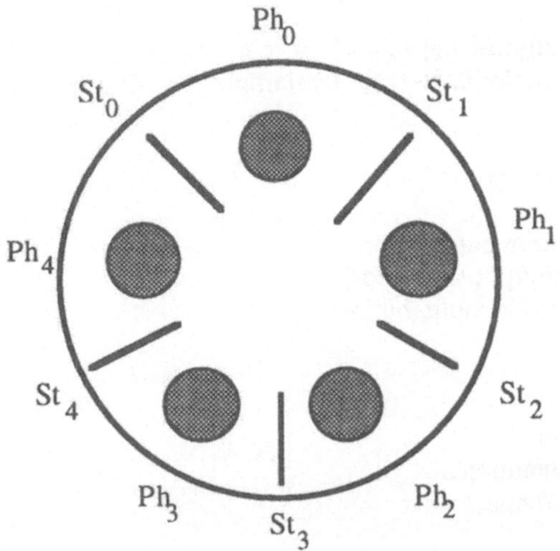

Bild 1: Speisende Philosophen

Konflikte entstehen,

a) wenn nebeneinander sitzende Philosophen zugleich zu demselben Stäbchen greifen,

b) alle Philosophen über ihr Stäbchen verfügen und auf das fehlende Stäbchen warten, oder

c) ein Philosoph beim Übergang von einer Denk- in eine Essensphase nicht die beiden Stäbchen rechts und links von seinem Teller vorfindet.

Zur Vermeidung von a) ist eine mehrseitige Synchronisation vorzusehen, die verhindert, daß ein gleichzeitiger Zugriff zum Stäbchen erfolgt. In der Situation b) warten alle Philosophen auf ein Ereignis, das ohne zusätzliche Maßnahmen nie eintreten wird: es liegt ein Deadlock vor. Situationen c) können durch einseitige Synchronisationsmaßnahmen vermieden werden, indem ggf. der Zugriff zum Stäbchen solange verzögert wird, bis der Nachbar das Stäbchen freigegeben hat.

1.2 Einseitige Synchronisation

Zur Verzögerung von Aktivitäten eines Prozesses enthalten Sprachen Konstrukte der Form:

(1) <u>await</u> condition

Die Auswertung des ausführenden Prozesses wird solange verzögert, bis die Bedingung zutrifft. Zur Vermeidung von Überläufen der Puffer resp. von Zugriffen zu leeren Puffern enthält das folgende Programmm einseitige Synchronisationen der Form (1) mit Bedingungen notfull(...) resp. notempty(...).

```
program OPSYS;
   var input_buffer:array[0..N-1] of cardimage;
          output_buffer[0..N-1] of lineimage;

process reader;
  var card:cardimage;
  loop
     read card from cardreader;
     await notfull(input_buffer)
      deposit card in input_buffer
  end
end;

process executer;
  var card:cardimage;
         line:lineimage;
  loop
     await notempty(input_buffer)
       fetch card from input_buffer;
     process card and generate line;
     await notfull(output_buffer)
       deposit line in output_buffer
  end
end;

process printer;
  var line:lineimage;
  loop
     await notempty(output_buffer)
       fetch line from output_buffer;
       print line on lineprinter
  end
end
function notempty ....
function notfull .....

end.
```

Programm 1: OPSYS mit einseitiger Synchronisation

1.3 Mehrseitige Synchronisation

Für eine korrekte Arbeitsweise ist das Beispielprogramm OPSYS so zu ergänzen, daß nicht zugleich zwei Prozesse zum gleichen Puffer zugreifen. Zur Vermeidung unzulässiger Parallelzugriffe ist zu sichern, daß kritische Operationen in unteilbarer Form im gegenseitigen Ausschluß ausgeführt werden. In der Literatur sind eine Reihe von Vorschlägen beschrieben. Zu erwähnen sind: kritische Sektionen, bedingte kritische Sektionen, Monitore.

1.3.1 Kritische Sektionen

Zur Beschreibung verwenden wir die Syntax:

```
crit k do
   ...... kritische Sektion
end crit
```

Die durch crit k do, end crit geklammerten Anweisungen werden als unteilbar angesehen, und es wird erwartet, daß stets höchstens einer der mit k gekennzeichneten kritischen Sektionen bearbeitet wird. Mit Hilfe des Bezeichners k lassen sich unterschiedliche Gruppen von Variablen charakterisieren, auf die sich Zugriffe beziehen, für die ein gegenseitiger Ausschluß gewährleistet werden muß.

Für das Beispielprogramm OPSYS genügen zwei Klassenbezeichner ib und ob, die in der Form "ressource ib: input_buffer; ob: output_buffer" im Programm deklariert sind und mit deren Hilfe eine Zuordnung von Zugriffen zum geteilten Eingabepuffer resp. Ausgabepuffer möglich ist:

```
program OPSYS;
   var input_buffer:array[0..N-1] of cardimage;
          output_buffer[0..N-1] of lineimage;
   ressource ib:input_buffer; ob:output_buffer;

process reader;
   var card:cardimage;
   loop
      read card from cardreader;
      await notfull(input_buffer)
      crit ib do
          deposit card in input_buffer
      end crit
   end
end;

process executer;
   var card:cardimage;
          line:lineimage;
   loop
      await notempty(input_buffer)
      crit ib do
          fetch card from input_buffer
      end crit;
      process card and generate line;
      await notfull(output_buffer)
      crit ob do
          deposit line in output_buffer
```

```
            end crit
        end
    end;

    process printer;
        var line:lineimage;
        loop
            await notempty(output_buffer)
            crit ob do
                fetch line from output_buffer
            end crit;
              print line on lineprinter
        end
    end

    function notempty ....
    function notfull .....

    end.
```

Programm 2: OPSYS, formuliert mit Hilfe kritischer Sektionen

2 Implementationsaspekte

Einseitige Maßnahmen zur Synchronisationen "await condition" sehen Verzögerungen vor. Sie lassen sich unmittelbar durch *aktives Warten* (busy waiting) implementieren:

```
while not condition
    do
        --- nichts
    end
```

Im Zusammenhang mit der Behandlung von Semaphoren wird eine alternative Implementation diskutiert, bei der aktives Warten vermieden wird.

Mehrseitige Synchronisation

Konzepte zur Beschreibung mehrseitiger Synchronisationen lassen sich unter Verwendung atomarer test-and-set-Operationen oder mit Hilfe von Schloßvariablen oder Semaphoren implementieren.

2.1 Schloßvariable

Schloßvariablen (lock variables) sind einer Gruppe geteilter Variabler zugeordnet und können zur Formulierung von Mechanismen zum gegenseitigen Ausschluß bezüglich dieser Variablen dienen. Mit Schloßvariablen ist die Vorstellung verbunden, daß beim Eintritt in eine kritische Sektion geprüft wird, ob die Variable "verschlossen" ist. Ist sie es nicht, dann kann der betreffende Prozeß seine kritische Sektion betreten. In

dieser Situation ist nämlich garantiert, daß andere Prozesse keinen Zugriff zu den geschützten Variablen haben. Ist die Schloßvariable "verschlossen", dann wird der Eintritt in die kritische Sektion solange verwehrt, bis eine unlock-Operation ausgeführt und die Variable wieder geöffnet wird. Dies erfolgt beim Verlassen einer ursprünglich betretenen kritischen Sektion.
Lockvariablen lassen sich als Variablen eines abstrakten Datentyps lockvar ansehen, der die beiden unteilbaren Operationen lock zum Verschließen und unlock zum Öffnen zur Verfügung stellt.

Sei var s:lockvar eine Variable vom Typ lockvar, dann beschreibt

```
process p;
  ......
    lock(s);
      ...... kritische Sektion
    unlock(s);
  ......
end
```

einen Prozeß mit der durch lock(s), unlock(s) geklammerten kritischen Sektion. Man nennt "lock(s)" *Eintrittsprotokoll* und "unlock(s)" *Austrittsprotokoll.*

2.2 Test-and-Set

Typischerweise veranlaßt lock eine Test-and-Set-Operation: in Abhängigkeit von einem Testergebnis (ist die Variable geschlossen oder geöffnet?) wird der Status der Lockvariablen in "verschlossen" überführt, falls er vorher "geöffnet" war. Ansonsten bleibt der Wert der Variablen unverändert. Eine Implementation kann mit Hilfe von Maschineninstruktionen erfolgen, denen eine ähnliche Arbeitsweise zugrunde liegt. Geeignet sind u.a. unteilbare test_and_set-Instruktionen.

test_and_set(X,Y)

liest den Wert der booleschen Variablen X, kopiert ihn nach Y und setzt X zu true. Die Unteilbarkeit dieser Instruktion ermöglicht eine auf "busy waiting" basierende Implementation:

```
var occupied:boolean initial (false);
procedure lock;
   var b:boolean;
   repeat
      test_and_set(occupied,b)
   until not b
end;
```

```
procedure unlock;
    occupied:=false
end
```

2.3 Semaphor

Die bisher diskutierten Implementationen von Synchronisationsmaßnahmen beruhen auf aktivem Warten und führen zu ineffizienter Nutzung der Prozessorleistung. Eine Verbesserung kann erreicht werden, indem aktiv wartenden Prozessen der Prozessor entzogen wird, um anderen zur Zuteilung bereiten Prozessen Platz zu machen. Üblicherweise wird dieser Mechanismus zur Implementation von Semaphoroperationen herangezogen, indem sie als Operationen der Prozeßverwaltung mit Wirkung auf die dort verwendeten Warteschlangen für bereite, blockierte etc. Prozesse implementiert werden. Die Sprechweisen blockiert, bereit zur Zuteilung, laufend etc. kennzeichnen Zustände von Prozessen, deren Übergänge von der Prozeßverwaltung veranlaßt und registriert werden.
Ergibt sich durch Synchronisation eines Prozesses eine Verzögerung, dann bewirkt die Prozeßverwaltung einen Prozeßwechsel, überführt den laufenden Prozeß in die für blockierte Prozesse vorgesehene Warteschlange und überläßt dem nächsten bereiten Prozeß den Prozessor. Eine Blockierung kann aufgehoben werden, und ein blockierter Prozess kann in die Warteschlange der bereiten Prozesse aufgenommen werden, falls die Synchronisationsbedingung erfüllt ist. Von dort schließlich ist ein Übergang in den laufenden Zustand möglich.

Ähnlich wie Lockvariable lassen sich Semaphore als Variable eines abstrakten Datentyps auffassen. Danach ist ein Semaphor eine Integer-Variable zur Aufnahme nichtnegativer Zahlen, für die zwei unteilbare Operationen V (vrijgeven) und P (passeeren) definiert sind. Die Wirkung von P(s) für einen Prozeß und ein Semaphor s hängt vom aktuellen Wert von s ab: für s=0 wird der Prozeß blockiert, und der Wert von s bleibt unverändert. Anderenfalls wird s dekrementiert s:=s-1, und der Prozeß setzt seine Arbeit fort. Die Blockierung eines Prozesses wird aufgehoben, und der Prozeß kann wieder reaktiviert (Zustand: bereit oder laufend) werden, sobald eine V-Operation für s ausgeführt wird, d.h. sobald s:=s+1 gebildet und der Wert von s positiv wird: s>0. In Situationen, wo eine Reihe konkurrenter Prozesse durch Ausführen einer P-Operation in den Wartezustand versetzt wurden, garantiert die skizzierte Implementation mit Hilfe von Warteschlangen ein faires Verfahren zur Reaktivierung.

Semaphore lassen sich zur Implementation einseitiger sowie mehrseitiger Synchronisationsmaßnahmen verwenden.

Mehrseitige Synchronisation

Die Implementation der mehrseitigen Synchronisation kann ähnlich wie im Fall der Lockvariablen erfolgen. In

process p_1;		process p_2;
......		......
P(s);	Eintrittsprotokoll	P(s);
.....	kritische Sektion	.....
V(s);	Austrittsprotokoll	V(s);
......		.....
end;		end;

ist s ein mit 1 initialisiertes Semaphor var s:semaphor(1).

Die Initialisierung von s garantiert den gegenseitigen Ausschluß der in den p_i angedeuteten kritischen Sektionen. Das Semaphor erhält den Wert 0, sobald ein erster Prozeß seinen kritischen Bereich betritt. Eine weitere Anwendung von P führt zur Blockierung des betreffenden Prozesses, die erst mit Hilfe von V(s) wieder aufgehoben wird.

Das angegebene Schema läßt sich auf größere Anzahlen von Prozessen übertragen. In einem solchen Fall besteht die Möglichkeit, daß mehrere Prozesse in Wartezustände versetzt werden. Die Reaktivierung erfolgt dann in der Reihenfolge der Suspendierung.

Einseitige Synchronisation

Den bisherigen Betrachtungen liegen *binäre* Semaphore zugrunde. Es gilt stets: $s \in \{0,1\}$. *Allgemeine-* oder *counting-* Semaphore werden häufig zur Beschreibung einseitiger Synchronisationen bei der Vergabe von Betriebsmitteln verwendet. Der Initialwert von var s: semaphor(N) stimmt in einem solchen Fall mit der Zahl N der verfügbaren Betriebsmittel überein. Zur Anforderung auf Vergabe eines Betriebsmittels ist P(s) auszuwerten. Sind zur Zeit Betriebsmittel verfügbar, d.h. gilt s>0, dann wird s dekrementiert, und ein Betriebsmittel aus dem Bestand wird vergeben. Für s=0 sind alle Betriebsmittel an Prozesse verteilt, und der nächste anfordernde Prozeß wird blockiert. Die Rückgabe eines Betriebsmittels wird mit Hilfe von V(s) "signalisiert": der Wert von s wird inkrementiert, und es kann eine Vergabe durchgeführt werden, sofern eine zuvor unerfüllbare Anfrage vorliegt.

Bei Verwendung von Semaphoren s zur einseitigen Synchronisation haben die Bedingungen in "await condition" implizit ein Aussehen der Form s>0, und es dienen Aufrufe V(s) zum Signalisieren der Tatsache, daß die Synchronisationsbedingung erfüllt ist und ein ggf. wartender Prozeß aktiviert werden kann. Die folgenden Prozesse zeigen die Einzelheiten, wobei von einem Initialwert s=0 ausgegangen wird.

Dies gewährleistet, daß der Prozeß p_2 durch die Ausführung von P(s) blockiert wird, solange das Ereignis V(s) nicht eingetreten ist.

```
var  s:semaphore(0);
process p1;                                   process p2;
......                                        ......
V(s);  // Ereignis s>0 signalisieren          P(s);  //  Ereignis abwarten
......                                        ......
end;                                          end;
```

2.4 Beispiele

Für einen korrekten Ablauf des Programms OPSYS sind mehrseitige Synchronisationen für die Zugriffe zu den Puffern vorzunehmen, und mit Hilfe einseitiger Synchronisationen ist zu sichern, daß weder Überläufe noch Zugriffe zu leeren Puffern erfolgen. Im folgenden Programm dienen die Semaphore in_mutex und out_mutex zur Gewährleistung von Pufferzugriffen im gegenseitigen Ausschluß, während free_cards, free_lines zur Vermeidung von Überläufen und num_cards, num_lines zur Beschreibung leerer Puffer herangezogen werden.

```
program OPSYS;
   var  in_mutex,out_mutex:semaphore  (1,1);
     num_cards,num_lines:semaphore  (0,0);
     free_cards,free_lines:semaphore  (N,N);
     input_buffer:array[0..N-1]  of  cardimage;
     output_buffer[0..N-1]  of  lineimage;

process reader;
   var card:cardimage;
   loop
       read card from cardreader;
        P(free_cards);                  //  notfull(input_buffer)   abwarten
        P(in_mutex);
        deposit card in input_buffer;
        V(in_mutex);
       V(num_cards)                     //  notempty(input_buffer)   signalisieren
   end
end;

process executer;
   var card:cardimage;
         line:lineimage;
   loop
       P(mum_cards);                    //  notempty(input_buffer)   abwarten
        P(in_mutex);
        fetch card from input_buffer;
        V(in_mutex);
       V(free_cards);                   //  notfull(output_buffer)   signalisieren
```

```
        process card and generate line;
          P(free_lines);            // notfull(output_buffer) abwarten
          P(out_mutex);
          deposit line in output_buffer
          V(out_mutex);
          V(num_lines)              // notempty(output_buffer) signalisieren
    end
  end;

  process printer;
    var line:lineimage;
    loop
          P(num_lines);             // notempty(output_buffer) abwarten
          P(out_mutex);
          fetch line from output_buffer;
          V(out_mutex);
          V(free_lines);            // not_full(output_buffer) signalisieren
           print line on lineprinter
    end
  end

  end.
```

Programm 3: OPSYS, formuliert mit Hilfe von Semaphoren

Leser-Schreiber-Probleme

Leser-Schreiber-Probleme eignen sich zur Demonstration von mehrseitigen Synchronisationsmaßnahmen. Wir betrachten ein Beispiel und gehen von einer Reihe von Lese- und Schreibprozessen mit Zugriffsmöglichkeiten zu geteilten Variablen aus. Die Zahl der Prozesse und Einzelheiten zur genauen Arbeitsweise der Prozesse sind dabei irrelevant.

Leser-Schreiber-Problem

Falls ein Schreibprozeß seine kritische Sektion betreten und noch nicht verlassen hat, dann erhält ein nachfolgender Leseprozeß mit Priorität Zutritt zu seiner kritischen Sektion vor allen nach ihm folgenden Schreibprozessen. Hat weiter ein Leseprozeß Zugang zu seiner kritischen Sektion erlangt, dann werden nachfolgende Leseprozesse mit Vorrang vor Schreibprozessen behandelt.

Die folgende Formulierung verwendet Prozeßtypen und deklariert konkurrente Lese- und Schreibprozesse $rd_1,..,rd_k$ bzw. $wr_1,...,wr_m$.

Die bevorzugte Behandlung der Leseprozesse wird mit Hilfe eines Exclude-Semaphors erreicht: erfolgt eine Auswertung von P(exclude) durch einen ersten Leseprozeß vor allen Schreibprozessen, dann erhält eine Zählvariable count den Wert 1 (count registriert die Zahl der sich jeweils in ihrer kritischen Sektion befindlichen

Leseprozesse), und nachfolgende Leseprozesse "umgehen" das Semaphor. Folgende Schreibprozesse werden blockiert und können erst wieder reaktiviert werden, falls ein letzter Leseprozeß die V-Operation auf exclude ausführt.
Gelingt einem Schreibprozeß vor allen Leseprozessen ein Betreten seiner kritischen Sektion, dann wird der erste nachfolgende Leseprozeß am Semaphor exclude aufgehalten, und folgende Leseprozesse werden durch das Protect-Semaphor sofort blockiert. Diese Situation ändert sich, sobald alle Schreibprozesse mit einem Zutrittswunsch zur kritischen Sektion zeitlich vor dem ersten Leseprozeß ihre jeweilige kritische Sektion verlassen haben. Zu diesem Zeitpunkt kann der betreffende Leseprozeß das Semaphor exclude passieren und dafür sorgen, daß nachfolgende Schreibprozesse dort aufgehalten werden.

```
program READERS_WRITERS;
   var exclude, protect:semaphore(1);
          count:integer initial(0);
        rd1,..,rdk:reader;  wr1,...,wrm:writer;

type reader=process
   .........
     P(protect);
       count:=count+1;
     if count=1                        // erster Leser
        then P(exclude) end;           // Ausschluß von Schreibern
     V(protect);
       .............                   // Lesen in der kritischen Sektion
     P(protect);
       count:=count-1;
     if count=0
        then V(exclude) end;           // letzter Leser
     V(protect);
   ...........
end;
type writer=process;
    ..........
    P(exclude);
       .......                         // Schreiben in der kritischen Sektion
    V(exclude);
    ..........
end;

par
   for i=1,..,k do in parallel  rd1,..,rdk;
   for i=1,..,k do in parallel  wr1,...,wrm;
end

end.
```

Programm 4: Leser-Schreiber-Problem

Speisende Philosophen
Zur Koordinierung des Verhaltens der Philosophen und insbesondere zur Vermeidung von Deadlocks sind die in a)-c) beschriebenen Konflikte zu vermeiden:

a) Nebeneinander sitzende Philosophen greifen zugleich zu demselben Stäbchen.
b) Alle Philosophen verfügen über "ihr" Stäbchen und warten auf das fehlende Stäbchen.
c) Ein Philosoph findet beim Übergang von einer Denk- und eine Essensphase nicht die beiden Stäbchen rechts und links von seinem Teller vor.

Es bietet sich an, die geteilten Ressourcen, d.h. die Stäbchen, durch Semaphore protect[i] für i=0,...,4 zu schützen und den Zugriff zum i-ten Stäbchen davon abhängig zu machen, ob eine erfolgreiche Ausführung von

```
P(protect[i]);P(protect[i+1] mod 5]
```

gelingt. Im Erfolgsfall sind beide Eßstäbchen frei und der i-te Philosoph kann mit dem Essen beginnen.
Eine erste Lösung hat ein Aussehen der Form:

```
program DINING_PHILOSOPHERS_1;
  var protect:array[0..4] of semaphore(1,1,1,1);
  type philosopher = process(i:0..4)
    loop
      ......                                    // Denken
        P(protect[i]);
       P(protect[(i+1) mod 5]);
         ......                                 // Speisen
        V(protect[i]);
       V(protect[(i+1) mod 5])
    end
 end.
```

Programm 5: Erste Version Speisende Philosophen

Die Lösung vermeidet Konflikte vom Typ a), sie verhindert aber nicht, daß die Philosophen zu ihrem Stäbchen greifen und Konflikte b) oder c) hervorrufen. Die Konflikte b) und c) lassen sich mit Hilfe einer geteilten Variablen

```
var stomac : array[0..4] of appetite initial(full), wobei
type appetite = (hungry, eating, full)
```

lösen. Sie beschreibt die jeweiligen Aktivitäten der Philosophen und gibt damit jedem Philosophen Auskunft darüber, ob seine beiden Nachbarn speisen. Ein Übergang von einer Denk- in die nachfolgende Essensphase ist zulässig unter der Voraussetzung, daß der betreffende Philosoph hungrig ist und die Bedingung erfüllt ist:

```
stomac[(i+1) mod 5] ≠ eating and stomac[(i-1) mod 5] ≠ eating
```

In der folgenden zweiten Lösung wird eine Prozedur test verwendet, mit der jeder Philosoph seine Nachbarn daraufhin prüfen kann, ob einer von ihnen gerade speist. Mit Hilfe des Semaphors exclude wird gesichert, daß dieser Test im gegenseitigen Ausschluß erfolgt. Ein weiteres Semaphor

```
var philo:array[0..4] of  semaphore(0)
```

wird für eine einseitige Synchronisation verwendet: sie dient zum Signalisieren der Tatsache, daß ein Test-Aufruf erfolgreich durchgeführt ist.

```
program DINING_PHILOSOPHERS_2;
   var protect:array[0..4] of  semaphore(1,1,1,1);
   var stomac:array[0..4] of appetite initial(full);
   var philo:array[0..4] of  semaphore(0)
   type appetite = (hungry, eating, full);
   type philosopher = process(i:0..4)

 procedure  test(i:0..4);
   if (stomac[i] = hungry and stomac[(i+1) mod 5] ≠ eating and
                                  stomac[(i-1)  mod 5] ≠ eating)
     then
         stomac[i]:=eating;
          V(philo[i])          // Signalisieren "Essen"
     end
end;

   loop
      ......                    // Denken
        P(exclude);
           stomac[i]:=hungry;
           test(i);
      V(exclude);
      P(philo[i]);
      ........                   // Speisen
      P(exclude);
           stomac[i]:=full;
           test((i-1) mod 5);
           test((i+1) mod 5);
      V(exclude);
```

```
    end
  end;

  var philos:array[0..4] of philosopher;
    for i=0 to 4 do in parallel
        philos[i](i)
    end
  end.
```

Programm 6: Zweite Version Speisende Philosophen

Das zyklische Verhalten der Philosophen wird im Programm durch eine Schleife beschrieben, die im Anschluß an die Denkphase im wesentlichen drei sequentielle Abschnitte vorsieht, von denen der mittlere in dem Versuch besteht, die Essensphase aufzunehmen. Für diese Zwecke wird durch P(philo[i]) das Semaphor philo[i] daraufhin überprüft, ob der Weg zum Essen frei ist, d.h. ob dies durch den vorangegangenen Test test(i) im ersten Abschnitt mit Hilfe von V(philo[i]) signalisiert wurde. Gelingt der Versuch, dann ist gesichert, daß die Nachbarphilosophen nicht essen und die benötigten Stäbchen zur Zeit aufgenommen werden können. Anderenfalls kann der Übergang in die Essensphase nicht erfolgen, und der Philosoph ist gezwungen, an "seinem" Semaphor philo[i] im hungrigen Zustand zu warten. Er kann auch aus dieser Situation nur dann befreit werden, wenn der linke- oder rechte Nachbar durch Bearbeiten des dritten Codeabschnitts innerhalb seiner Schleife den entsprechenden Test test(i-1) (falls es der rechte ist) oder test(i+1) (falls es der linke ist) auslöst. Hierbei ist zu beachten, daß dies stets höchstens ein Nachbar im gegenseitigen Ausschluß durchführen kann. Eine Befreiung aus der Warteposition hängt dann von dem Nachbarn ab, der den Test nicht ausführt. Speist der, dann verlängert sich die Wartezeit, und es muß abgewartet werden, bis dieser Prozeß seinen dritten Codeabschnitt bearbeitet. Erst dann besteht die nächste Gelegenheit für einen Übergang in die Essensphase.

Aushungern eines Philosophen (Starvation)

Aus dieser Diskussion ergibt sich, daß bei geschickter Zusammenarbeit zwei Nachbarphilosophen den zwischen ihnen sitzenden Philosopen andauernd am Essen hindern und ihn zum Verhungern zwingen können. Zur Vereinfachung sei ein Scheduling von Prozessen angenommen, das sich lediglich auf die betrachteten drei Philosophen bezieht, so daß die restlichen zwei Philosophen andauernd satt bleiben. Ausgangspunkt sei die oben skizzierte Situation, welche für den mittleren Philosophen hungriges Warten an seinem Semaphor philo[i] vorsieht. Der rechte Nachbar befinde sich in einer Essensphase, und für den linken sei angenommen, daß er den Übergang von der Essens- in die Sattphase vollzieht. Der bei dieser Gelegenheit erfolgende Test test(i) geht für den mittleren Philosophen negativ aus; d.h. er bleibt in seiner Wartestellung. Werden dann für den linken Nachbarn hintereinander Übergänge aus dem Satt- über den Hungrig- in den Essenszustand durchgeführt, ohne dabei den Zustand des rechten Nachbarn zu ändern, dann kann anschließend der rechte Nachbar aus der Essens- in die Sattphase eintreten. In dieser Situation haben sich die Rollen der beiden Nachbarn vertauscht, so daß durch fortgesetzte Übergänge im skizzierten Sinn der mittlere Philosoph in seiner Warteposition gehalten wird.

Andauerndes Hungern kann vermieden werden, indem ein Ablauf der diskutierten Art durch Verwenden eines weiteren Zustandes starve aufgebrochen wird. Es befindet sich wie oben ein mittlerer Philosoph in hungriger Warteposition an seinem Semaphor philo[i], und für die beiden Nachbarn sei angenommen, daß der rechte sich in einer Essensphase befindet, und für den linken werde der Übergang von der Essens- in die Sattphase durchgeführt. Der im folgenden Programm modifizierte Test test(i-1) veranlaßt einen Übergang des wartenden Philosophen in den Starve-Zustand. Wird weiter dafür gesorgt, daß, solange sich dessen Situation nicht ändert (er kann höchstens in den speisenden Zustand überführt werden), der linke Nachbar höchstens in den Hungrig-Zustand übergehen kann, dann bewirkt eine Übergang des rechten Nachbarn aus dem speisenden Zustand in den satten, daß der wartende Philosoph in seine Essensphase eintreten kann. Der modifizierte Test hat ein Aussehen der Form:

```
type appetite = (hungry, eating, full, starve);
procedure test(i:0..4);
   if (stomac[i] = hungry and ((stomac[(i+1) mod 5] = eating
                        and stomac[(i-1) mod 5] = full) or
                         (stomac[(i+1) mod 5] = full
                        and stomac[(i-1) mod 5] = eating))
      then stomac[i] := starve end;
      if (stomac[i] in {hungry,starve} and
                       not (stomac[(i-1) mod 5] in {eating,starve} and
                       not (stomac[(i+1) mod 5] in {eating,starve}
         then
             stomac[i]:=eating;
              V(philo[i])
         end
   end;
```

Der Starvation-Effekt kann vermieden werden, indem stets höchstens vier Philosophen die Gelegenheit zum Übergang von der Hungrig- in die Essensphase gegeben wird. Dies läßt sich mit einem weiteren Semaphor table beschreiben, und ein entsprechendes Programm kann durch Erweiterung des ersten Vorschlags gewonnen werden:

```
program DINING_PHILOSOPHERS_3;
   var protect:array[0..4] of  semaphore(1,1,1,1);
   var table:semaphor(4);
   type philosopher = process(i:0..4)
   loop
      ......                                 // Denken
        P(table);
          P(protect[i]);
          P(protect[(i+1) mod 5]);
            ......                           //Speisen
          V(protect[i]);
          V(protect[(i+1) mod 5]);
        V(table)
   end;
   var philos:array[0..4] of  philosopher;
      for i=0 to 4
         do in parallel
            philos[i](i)
      end
end.
```

Programm 7: Dritte Version Speisende Philosophen

Die Beispiele zeigen, daß Semaphore zu unübersichtlichen und damit fehleranfälligen Programmen führen können. Insbesondere trifft dies auf Maßnahmen zur einseitigen Synchronisation zu, weil dort die paarweise zusammengehörigen P- und V-Operationen auf verschiedene Prozesse verteilt sind. Ein erster Schritt zur Verbesserung kann darin bestehen, ein kombiniertes Konstrukt zur gemeinsamen Beschreibung einseitiger und mehrseitiger Synchronisationen einzuführen:

3 Bedingte kritische Sektion

```
crit k when condition
      ....... kritische Sektion
end crit
```

ermöglichen eine zusammenfassende Formulierung einer einseitigen und einer nachfolgenden mehrseitigen Synchronisation. Die kritische Sektion enthält wie oben die im gegenseitigen Ausschluß unteilbar auszuführenden Operationen, und condition charakterisiert die einseitige Synchronisationsbedingung, die für eine Bearbeitung der kritischen Sektion erfüllt sein muß.

In verfeinerter Form hat das Programm OPSYS ein Aussehen der Form:

```
program OPSYS;
   type buffer(T) = record
       slots:array[0..N-1] of T;
        head,tail:0..N-1 initial (0,0);
       size:0..N initial(0)
   end;
   var  inp_buf:buffer(cardimage);
          out_buf:buffer(lineimage);
   resource  ib:inp_buf;ob:out_buf;
process reader;
var card:cardimage;
loop
   read card from cardreader;
   crit ib when inp_buf.size<N do
          inp_buf.slots[inp_buf.tail]:=card;
        inp–buf.size:=inp_buf.size+1;
         inp_buf.tail:=(inp_buf.tail+1) mod N
   end crit
   end
end;
process executer;
   var card:cardimage;
        line:lineimage;
   loop
      crit ib when inp_buf.size>0 do
           card:=inp_buf.slots[inp_buf.head];
            inp_buf.size:=inp_buf.size-1;
          inp_buf.head:=(inp_buf.head+1) mod N
      end crit;
      process card and generate line;
      crit ob when out_buf.size<N do
            out_buf.slots[out_buf.tail]:=line;
          out_buf.size:=out_buf.size+1;
          out_buf.tail:=(out_buf.tail+1)  mod N
      end crit
   end
end;
process printer;
   var line:lineimage;
   loop
      crit ob when out_buf.size>0 do
          line:=ou_buf.slots[out_buf.head];
          out_buf.size:=out_buf.size-1;
         out_buf.head:=(out_buf.head+1) mod N
      end crit;
        print line on lineprinter
   end
end
end.
```

Programm 8: OPSYS, formuliert mit Hilfe bedingter kritischer Sektionen

4 Monitor

Typischerweise sind bei Verwendung elementarer Hilfsmittel wie Semaphore, Schloßvariable etc. die Synchronisationsmaßnahmen über das Programm verstreut, so daß für einen Überblick i.a. der gesamte Programmtext eingesehen werden muß. Eine Reihe von Sprachen erlaubt die Spezifikation von Monitoren, die z.B. im Rahmen eines Betriebssystems zur Programmierung von Ressourcen herangezogen werden können. Ein Monitor ist durch lokale Variable zur Beschreibung von Zuständen und deren Initialisierung und durch Operationen (Prozeduren) gekennzeichnet, welche die jeweilige Ressource charakterisieren. Die Monitorvariablen sind von außen nur unter Verwendung der Monitorprozeduren zugänglich, die ihrerseits höchstens lokale Monitorvariablen referenzieren dürfen. Für Monitorprozeduren ist bedeutsam, daß sie zur Gewährleistung der Integrität von Monitorvariablen nur im gegenseitigen Ausschluß an aufrufende Prozesse "vergeben" werden. Man sagt: der betreffende Prozeß befindet sich im Monitor. Zur Implementation wird i.a. eine Warteschlange verwendet, auf der blockierte Prozesse mit einem Zugriffswunsch zum Monitor registriert werden.

Zur Behandlung einseitiger Synchronisationen gibt es eine Reihe von Vorschlägen. Hoare [Hoa 74] sieht für diese Zwecke Condition-Variable vor, die lediglich in Monitorprozeduren verwendet werden dürfen und für die Operationen wait und signal definiert sind. Der Aufruf wait(cond) für eine Condition-Variable cond veranlaßt eine Blockierung bzgl. cond der ausführenden Monitorprozedur. Zur Implementation der im Monitor definierten Condition-Variablen werden i.a. Warteschlangen zur Aufnahme blockierter Prozesse verwendet, so daß der durch wait(cond) blockierte Prozeß in die Warteschlange zu cond eingekettet wird. Eine Aufruf signal(cond) hat die Wirkung: enthält die Warteschlange zu cond zur Zeit keinen wartenden Prozeß, dann setzt der aufrufende Prozeß seine Arbeit fort, und das Signal bleibt unberücksichtigt. Anderenfalls wird der aufrufende Prozeß zeitweilig blockiert und durch den ältesten bzgl. cond blockierten Prozeß ersetzt. Um zu verhindern, daß sich eine unbeschränkt wachsende Zahl von Prozessen im Monitor befindet, wird die Reaktivierung der durch die Ausführung von signal(..) blockierten Prozesse mit Priorität gegenüber solchen Prozessen vorgenommen, die zur Zeit in der Warteschlange zum Monitor blockiert sind und den Monitor betreten wollen.

Für das OPSYS-Programm umfaßt der Monitor Variable zur Beschreibung geteilter Ressourcen, die Zugriffsoperationen zur Ablage und Entnahme von Daten und Condition-Variablen zur Spezifikation einseitiger Synchronisationen:

```
type buffer(T) = monitor;          // T erfaßt die Typen cardimage, lineimage
var slots:array[0..N-1] of T;
    head,tail:0..N-1;
    size:0..N;
```

```
          notfull,notempty:condition;
    procedure deposit(p:T);
      begin
        if size=N then wait(notfull) end;
          slots[tail]:=p;
          tail:=(tail+1) mod N;
         size:=size+1;
        signal(notempty)
      end;
    procedure fetch(p:T);
      begin
        if size=0 then wait(notempty) end;
          p:=slots[tail];
        head:=(head+1) mod N;
         size:=size-1;
        signal(notfull)
      end;
    begin
       size:=0; head:=0; tail:=0
    end
    end
    program OPSYS;
      type buffer(T) = ...;
      var inp_buf:buffer(cardimage);
          out_buf:buffer(lineimage);
    process reader;
      var card:cardimage;
      loop
         read card from cardreader;
        call inp_buf.deposit(card);
      end
    end;
    process executer;
      var card:cardimage;
         ine:lineimage;
      loop
        call inp_buf.fetch(card);
        process card and generate line;
        call out_buf.deposit(line)
      end
    end;
    process printer;
      var line:lineimage;
      loop
        call out_buf.fetch(line);
          print line on lineprinter
      end
    end
    end.
```

Programm 9: OPSYS, formuliert mit Hilfe von Monitoren

5 Anmerkungen zur Literatur

Höhere Sprachen verfügen über eine Reihe abstrakter Sprachmittel, mit deren Hilfe Synchronisationsmaßnahmen in übersichtlicher Form zusammengefaßt werden können. Sie basieren auf elementaren Konzepten, von denen Semaphore wegen ihrer Auswirkungen auf die Prozeßverwaltung eine besondere Bedeutung haben. Die Darstellung stützt sich weitgehend auf den Übersichtsartikel von G.R. Andrews und F.B. Schneider [AnSch 83]. Der Artikel findet sich auch in dem Sammelband [GeMcGe 88], der eine Reihe wichtiger Arbeiten über parallele Konzepte, Srachen und Modelle bis 1883 enthält. Als weitere Quellen sind zu erwähnen: [HeHo 89][And 91].

Kapitel III

Kommunikation durch den Austausch von Nachrichten

1 Einleitung

Mailbox-, *Rendez-Vous*-Konzepte, *Ports* oder *Kanäle* verwenden keine geteilten Speicherbereiche zur Synchronisation und Kommunikation; sie haben vielmehr Mechanismen zum Austausch von *Botschaften* (message passing) als Grundlage. An die Stelle des Schreibens und Lesens von Daten tritt das *Senden* und *Empfangen* von Nachrichten, und an die Stelle der geteilten Variablen tritt der *Kommunikationskanal*. Der Nachrichtenaustausch mit Hilfe von Anweisungen

(i) send expression to receiver

zum Senden einer Nachricht an einen Empfänger oder an eine Empfängergruppe (*multicast*, *broadcast*) und Anweisungen

(ii) receive variable from sender

zum Empfang einer Nachricht ermöglicht.
Ausdrücke in Sendeoperationen dienen zur Beschreibung von Werten, die im Sender gebildet werden und die den Variablen in Empfangsoperationen zugeordnet werden. Dies kann geschehen, nachdem die Nachricht gesendet wurde. Damit beschreiben (i),(ii) zusätzlich zur Kommunikation implizit eine einseitige Synchronisation: der Empfang einer Nachricht kann erst nach dem Senden erfolgen.
Zur Präzisierung von (i),(ii) sind Einzelheiten im Hinblick auf

- die Adressierung der Sender und Empfänger,
- die Art der Kommunikation und
- die Protokolle

festzulegen: die Kommunikation kann *synchron* oder *asynchron* erfolgen, die zulässigen Nachrichten hängen von der zugrunde liegenden Sprache und insbesondere vom dort verwendeten Typkonzept ab, und die Adressierung kann direkt unter Verwendung von Prozeßbezeichnern wie in CSP (communicating sequential processes) [Hoa 78][Hoa 84], mit Hilfe einer Mailbox, eines Ports oder Kanals erfolgen.

2 Protokoll

Ein Protokoll besteht aus einer Menge von Regeln zur Form, zum Format und Inhalt der auszutauschenden Nachrichten. Es ist üblich, Protokolle für verschiedene Betrachtungsebenen vorzusehen, wobei höhere Ebenen darunter liegende voraussetzen. Dabei kommt dem Leitungsprotokoll für die Hardware und dem Anwenderprotokoll auf Programmebene eine ausgezeichnete Rolle zu.
Für die Programmierung ist die Anwenderebene, d.h. es sind die Ausdrucksmittel zur Beschreibung von Kommunikationen im Rahmen einer parallelen Sprache von Interesse. Für CSP und Occam sind die elementaren Kommunikationsoperationen (i), (ii) und ihre Verwendung in Konstrukten zum *selektiven* Nachrichtenaustausch charakteristisch, unter Unix lassen sich Prozesse mit Hilfe von *Pipes* koppeln, und *Remote Procedure Calls* (kurz: RPC) schließlich ermöglichen synchrone Kommunikationen mit Hilfe von Prozeduraufrufen, deren Auswertung in unterschiedlichen Komponenten erfolgt.

Elementare Kommunikation

Die Angaben in (i) legen den Wert und den Adressaten einer Nachricht fest. In (ii) ist die Angabe des Senders und es ist eine Variable vorgesehen, die zur Aufnahme der vom Sender angebotenen Nachrichten dient. Nach der Übernahme der Nachrichten werden diese in der Regel zerstört. Man spricht von *konsumierendem* oder *zerstörendem* Empfangen. Die Alternativen hierzu sind Empfangsanweisungen, die eine Nachricht mehrfach empfangen können (*konservierendes* Empfangen), oder für die Nachrichten eine beschränkte Lebensdauer haben.
Anweisungen (i), (ii) können *blockierend* oder *nichtblockierend* sein. Von einer blockierenden Sende- (Empfangsanweisung) wird gesprochen, falls sie den ausführenden Prozeß solange in einen Wartezustand versetzt, bis eine angesprochene Empfangs- (Sendeanweisung) bereit zur Kommunikation ist. Anweisungen (i), die den Prozeß nur während der Erzeugung und Übergabe der Nachricht an das Kommunikationsmedium belasten, werden nichtblockierend genannt. Typischerweise arbeiten Empfangsanweisungen blockierend, d.h. sie blockieren den ausführenden Prozeß solange, bis die erwartete Nachricht eingetroffen ist. Es gibt auch nichtblockierende Varianten. Ist die Sendeanweisung im Partnerprozeß zur Kommunikation bereit, dann wird die Nachricht wie üblich übernommen. Anderenfalls wird ein spezieller Wert zur Charakterisierung der Nichtbereitschaft des Senders zurückgegeben. Ein Nachrichtenaustausch heißt synchron, falls sowohl die

Sende- wie die Empfangsanweisungen blockierend sind. Ein Nachrichtentransfer kommt zustande, falls beide Anweisungen zur Kommunikation bereit sind. In der Regel treten hierbei Wartezeiten auf, deren Länge i.a. nicht abgeschätzt werden kann. Werden nichtblockierende Sende- oder Empfangsanweisungen verwendet, dann spricht man von asynchroner Kommunikation. Es wird dann ein Puffer benötigt, der Nachrichten zwischenzeitlich aufnimmt. Im allgemeinen ist der Pufferplatz beschränkt, so daß Überläufe vorkommen können, die gesondert behandelt werden müssen. Eine Lösung kann darin bestehen, daß Sendeanweisungen im Fall eines Überlaufs blockierend sind: man spricht dann von *pufferblockierendem* Senden. Für einige Anwendungen ist es sinnvoll, die jeweils älteste Nachricht zu überschreiben und durch eine neue Nachricht zu ersetzen.
Die folgenden Beispiele zeigen, daß eine asynchrone (synchrone) Kommunikation mit Hilfe synchroner (asynchroner) Kommunikationsanweisungen simuliert werden kann.

Simulation asynchroner Kommunikation
Für das Beispiel seien blockierende Kommunikationsanweisungen angenommen. Die Simulation nichtblockierender Sendeanweisungen kann mit Hilfe eines Puffers erfolgen, der Nachrichten zwischenzeitlich speichert, und dem Sender eine Fortsetzung seiner Aktivitäten ermöglicht.

```
process sender;
   var value:T;
   ..........
   send value to chan1                  // blockierendes Senden
   ..........
end;
process buffer;
   var buf:T;
   receive buf from chan1;              // blockierendes Empfangen
   send buf to chan2;                   // blockierendes Senden
end;
process receiver;
   var variable:T;
   .............
   receive variable from chan2          // blockierendes Empfangen
   .............
end.
```

Programm 1: Simulation nichtblockierender Sendeanweisungen

Simulation synchroner Kommunikation
Im Beispiel wird von blockierenden Empfangs- und nichtblockierenden Sendeanweisungen ausgegangen. Das blockierende Verhalten von "send" wird erreicht, indem

im Programm des Senders unmittelbar hinter der Send-Anweisung eine Receive-Anweisung für ein Quittierungssignal vom Empfänger vorgesehen wird.

```
type acknowledgment = (ack);

process sender;
   var value:T;
       ackn:acknowledgment;
   ..........
   send value to chan1           // pufferblockierendes Senden
   receive ackn from chan2;      // blockierendes Empfangen
   ..........
end;

process receiver;
   var variable:T;
   .............
   receive variable trom chan1; // blockierendes Empfangen
   send ackn to chan2;
   .............
end.
```

Programm 2: Simulation blockierender Sendeanweisungen

Selektiver Nachrichtenaustausch

Sprachmittel zum selektiven Nachrichtenaustausch beschreiben Mechanismen, mit deren Hilfe unter mehreren angebotenen Nachrichten eine Auswahl getroffen werden kann. Zur Spezifikation werden Guards herangezogen, die eine "begründete" Auswahl ermöglichen. Eine Auswahl setzt voraus, daß die zugehörigen Guards zutreffen. Zusätzlich zu booleschen Ausdrücken dürfen Kommunikationsanweisungen auf Guardpositionen stehen. Sie gelten als wahr, falls sie erfolgreich durchgeführt werden können. Werden als Ergänzung von booleschen Ausdrücken ausschließlich Empfangsanweisungen verwendet, dann liegt ein Konstrukt zum *selektiven Empfangen* vor. Sind auch Sendeanweisungen erlaubt, dann spricht man von Konstrukten zum *selektiven Nachrichtenaustausch.*

Geht man in

```
select
   bool1; receive variable1 from channel1 -> statement1
   bool2; receive variable2 from channel2 -> statement2
   bool3; receive variable3 from channel3 -> statement3
end
```

von pufferblockierenden Sende- und blockierenden Empfangsanweisungen aus, dann ist für jeden der drei Kanäle eine Warteschlange definiert, die i.a. aufgrund von Sendeanweisungen Elemente enthalten. Eine Auswertung durch einen Prozeß P sieht eine Auswahl unter Einbeziehung nichtleerer Warteschlangen vor. Sind alle

Warteschlangen leer, dann wird P solange blockiert, bis eine erste Nachricht empfangen wird. Gibt es davon gleichzeitig mehrere, dann wird unter diesen in nichtdeterministischer Weise ausgewählt. Zusätzlich zu Empfangsanweisungen dürfen boolesche Guards $bool_i$ verwendet werden, welche die Rolle einer weiteren Vorbedingung zur Auswahl bilden.

Das folgende Beispiel ist ein Prozeß zur Implementation eines Ringpuffers, der mit Hilfe eines selektiven Nachrichtenaustauschs Operationen zum Ablegen und Entnehmen von Elementen zuläßt.

```
process buffer(type T; N:integer;chan:channel);
  var slots:array[0..N-1] of T;
      head,tail:0..N-1;
      size:0..N;
  begin
    head:=0; tail:=0; size:=0;
    loop
      select
        size<N; receive slots[tail] from chan1 ->
              size:=size+1; tail:=(tail+1) mod N
        size>0; send slots[head] to chan2 ->
              size:=size-1; head:=(head+1) mod N
    end
end
```

Programm 3: Selektiver Nachrichtenaustausch mit einem Ringpuffer

Sind, wie in Occam, Sendeanweisungen als Guards nicht erlaubt, dann wird ein weiterer Kanal benötigt, über den ein Prozeß die Entnahme von gepufferten Daten beantragen kann:

```
process buffer(type T; N:integer,chan:channel);
  var slots:array[0..N-1] of T;
      head,tail:0..N-1;
      size:0..N;
      send_requ:(requ);
  begin
    head:=0; tail:=0; size:=0;
    loop
      select
        size<N; receive slots[tail] from chan1 ->
              size:=size+1; tail:=(tail+1) mod N
        size>0; receive send_requ from chan2 ->
              send slots[head] to chan3
              size:=size-1; head:=(head+1) mod N

    end
end
```

Programm 4: Selektives Empfangen durch einem Ringpuffer

Pipe und Remote Procedure Call (RPC)
Unix ermöglicht die Definition von Pipes sowohl im Rahmen von C-Programmen wie auch auf der Shellebene. Pipes dienen dort zur unidirektionalen Kommunikation zwischen Prozessen: die Ausgabe eines oder mehrerer Prozesse kann einer Pipe in Form eines Stroms von Bytes übergeben und der Pipe Byte für Byte entnommem werden. Zur Implementation werden beschränkte FIFO-Puffer herangezogen. Lesen aus leeren Pipes resp. Schreiben in volle Pipes führt zur Blockierung der zugehörigen Prozesse. Allerdings gehen die Strukturierung der Daten und die ihnen zukommemden Typinformationen bei der Übertragung verloren und müssen vom Benutzer verwaltet werden.
Eine Reihe von Sprachen [DoD 81][Bri 78] erlauben RPC's zur Beschreibung von Kommunikationsformen, die typischerweise in Client-Server-Systemen auftreten: für eine Serviceleistung führt ein Client-Prozeß zunächst eine Sendeoperation an einen Server zur Übermittlung von Parametern und anschließend eine Empfangsoperation zur Entgegennahme von Ergebnissen aus. Zur Spezifikation dienen Aufrufe der Form

```
call service(value_args,result–args),
```

die syntaktisch und semantisch dem Aufruf lokaler Prozeduren ähneln. Nach Senden der durch value_args gegebenen Parameter wird der Client solange suspendiert, bis die vom Server berechneten Ergebnisse in den result_args-Argumenten verfügbar sind. Die Implementation kann mit Hilfe einer Receive-Anweisung im unmittelbaren Anschluß an die Sendeanweisung für die Parameter erfolgen.
Ein angesprochener Server übernimmt die Parameter durch Ausführen eines receive. Er ruft die angesprochene Prozedur

```
procedure service (in value_parameters, out result_parameters)
    body
end
```

auf und sendet das Ergebnis zurück an den Clienten. Zur Programmierung lassen sich accept-Anweisungen der Form

```
accept service(in value_parameters, out result_parameters) -> body
```

heranziehen. Sind die vom Clienten gesendeten Parameter nicht verfügbar, dann führt eine Auswertung des accept zu einer Blockierung des Servers. Diese wird aufgehoben, sobald die Übermittlung der Aufrufdaten erfolgen kann. Anderenfalls liegt ein Rendez-Vous vor, und der Bodyteils des accept wird ausgeführt. Der Nachrichtenaustausch ist abgeschlossen, nachdem die berechneten Werte der Resultatparameter an den Clientenprozeß zurückgesendet sind.

Zur Implementation eines Servers kann ein einzelner Prozeß mit einer Loop-End-Struktur, bestehend aus einer Receive-Anweisung zur Übernahme der Aufrufparameter, einem Aufruf der Prozedur und einer anschließenden Send-Anweisung zur Übergabe der für die Resultatparameter gewonnenen Werte an den Clienten herangezogen werden. Diese Lösung führt zu einer sequentiellen Bearbeitung mehrerer Serviceanforderungen durch Clientprozesse. Eine alternative Implementation kann vorsehen, daß jede Serveranforderung zur Erzeugung eines Prozesses führt, der die Serviceleistung konkurrent zu bereits existierenden Instantiierungen desselben Servers erbringt. Allerdings setzt diese Lösung i.a. Synchronisationsmaßnahmen voraus, mit deren Hilfe die Integrität geteilter Daten gesichert wird.

Ähnlich wie für Occam die elementaren Kommunikationsoperationen in Konstrukten zum selektiven Nachrichtenaustausch verwendbar sind, lassen sich auch Accept-Anweisungen für vergleichbare Zwecke nutzen. Das folgende Beispiel zeigt die Implementation eines beschränkten Puffers:

```
process buffer(type T; N:integer);
   var slots:array[0..N-1] do T;
        head,tail:0..N-1;
        size:0..N;
   begin
      head:=0; tail:=0; size:=0;
      loop
        select
            size<N; accept deposit(in value:T) ->
                 slots[tail]:=value; size:= size+1; tail:=(tail+1) mod N
           size>0; accept fetch(out value:T) ->
                 value:=slots[head]; size:=size-1; head:=(head+1) mod N
      end
   end
```

Programm 5: Ringpuffer mit Accept-Anweisung

3 Adressierung

Die Angaben zum Sender und Empfänger in (i), (ii) definieren einen Kommunikationskanal. Im einfachsten Fall erlaubt dieser Kanal 1:1-Kommunikationen. In komplexeren Situationen kommen 1:n-, n:1- oder allgemein n:m-Kommunikationen vor. Die 1:n Multicastkommunikation spielt in verteilten Systemen zur Kontrolle von Prozessen, Anpassung von Routingtabellen an veränderte Prozeßstrukturen etc. eine wichtige Rolle. Sie wird wirksam durch Verbindungsnetzwerke, mit Multicasteigenschaften unterstützt. Diese ermöglicht ein zeitgleiches Versenden einer physikalischen

Nachricht an alle Prozesse oder an eine ausgezeichnete Gruppe von Prozessen. Die n:1-Kommunikation wird in fehlertoleranten Systemen verwendet: dort versenden mehrere redundante Prozesse Nachrichten an eine Instanz, welche nach einer bestimmten Strategie (voting) aus den Einzelnachrichten ein Resultat bildet. Eine andere Anwendung ist in Client-Server-Systemen möglich, in denen eine Reihe von Client-Prozessen Anfragen an einen Server versenden.

Direkte Benennung

Im einfachsten Fall lassen sich zur Beschreibung einer 1:1-Kommunikation die Prozeßbezeichner der beteiligten Prozesse heranziehen. Der Kommunikationskanal wird implizit anhand dieser Bezeichner definiert. Diese Methode der *direkten Benennung* wird in CSP verwendet und ist besonders zur Formulierung von Pipelining geeignet. Dies zeigt das folgende Beispiel:

```
program OPSYS;

process reader;
   var card:cardimage;
      loop
         read card from cardreader;
         send card to executer
      end
end;

process executer;
   var card:cardimage;
       line:lineimage;
   loop
      receive card from reader;
      process card and generate line;
      send line to printer
   end
end;

process printer;
   var line:lineimage;
   loop
      receive line from executer;
      print line on lineprinter
   end
end

end.
```

Programm 6: Pipeline von Prozessen durch direkte Benennung

Mailbox

Die Methode der direkten Benennung ist einfach zu implementieren. Sie hat den Nachteil, daß die Spezifikation allgemeiner Kommunikationsformen aufwendig und umständlich werden kann. Davon sind z.B. Client-Server-Prozeßstrukturen betroffen: stehen zur Bearbeitung eines Auftrags mehrere Serverprozesse zur Verfügung, dann sollte irrelevant sein, welcher von ihnen den Auftrag wahrnimmt. Eine Adressierung von Anfragen im Clientprozeß umfaßt dementsprechend Sendeanweisungen an alle potentiellen Serverprozesse, und auf der Seite der Server sind in Empfangsanweisungen die potentiellen Client-Prozesse zu benennen. Eine weitere Schwierigkeit entsteht, wenn mehrere Kommunikationskanäle zwischen Prozessen eingerichtet werden sollen.

Abhilfe kann mit Hilfe einer Mailbox als Mittler zur Kommunikation erzielt werden. Es handelt sich um benannte Speicher, die sich besonders für den Betrieb von Client-Server-Prozeßstrukturen eignen: Client-Prozesse hinterlegen in der Mailbox Anfragen, die von Server-Prozessen aufgegriffen und bearbeitet werden. Die gewonnenen Resultate werden in der Mailbox hinterlegt und können dort vom Clienten mit Hilfe von Receive-Anweisungen angefordert werden. Ein weiterer Vorteil besteht darin, daß sich die Zahl der Sender und Empfänger dynamisch ändern kann. Dem steht gegenüber, daß für einen korrekten Ablauf ein aufwendiges Zugriffsprotokoll benötigt wird. Es muß sichern:

(i) Nach Senden einer Nachricht N an eine Mailbox M muß N allen Prozessen mit einer Receive-Operation für M bekannt gemacht werden.

(ii) Nach Übernahme von N durch einen Prozeß steht N nicht mehr zur Verfügung, und alle potentiellen Empfänger müssen davon in Kenntnis gesetzt werden.

Port

In der eingeschränkten Situation, bei der eine Mailbox in Receive-Anweisungen nur eines Prozesses vorkommen darf, wird die Implementation von (i), (ii) wesentlich erleichtert. Zur Unterscheidung heißen Mailboxes dann Ports. Ports können unidirektional oder bidirektional sein. Sie sind logisch an einen Prozeß gebunden, wobei diese Zuordnung ggf. dynamische Änderungen zuläßt. Zu den für Ports definierten Operationen zählen die grundlegenden Sende- und Empfangsoperationen und Operationen zur Spezifikation von Parametern, Zugriffsrechten (capabilities) etc. Die dynamische Generierung und Zuordnung von Ports führt zu einer örtlichen Entkopplung von Ports und Prozessen und erleichtert die dynamische Manipulation von Prozessen und vereinfacht damit Maßnahmen zur Lastbalancierung.

Kanal

Man unterscheidet *verbindungsorientierte-* und verbindungslose Kommunikationen. Im ersten Fall kann ein Nachrichtentransfer zwischen Prozessen erst dann erfolgen, wenn zuvor explizit eine entsprechende logische Verbindung -Kanal genannt- aufgebaut wurde. Für diese Zwecke verfügen Prozesse über Schnittstellen zur An- und Abkopplung von Kanälen und unterstützen damit, ähnlich wie oben, eine weitgehende Entkopplung von Prozessen.

Occam verfügt über ein starres Kanalkonzept: erlaubt sind unidirektionale Kanäle, die im Programmtext deklariert werden müssen, und denen statisch genau eine Quelle und eine Senke zugeordnet ist. Die beiden Kanalenden befinden sich dabei in verschiedenen parallelen Komponenten und sind durch Kommunikationsanweisungen definiert, die sich textuell auf den Kanalbezeichner beziehen.

Kapitel IV

Occam und Transputer

1 Einleitung

Die erste Version von Occam *-Proto-Occam* genannt- ist aus CSP hervorgegangen. CSP [Hoa 78][BHR 84] ist eine rudimentäre Programmiersprache, über die es eine große Zahl von Arbeiten in der Literatur gibt, und die Grundlage für Occam [INM 88a] ist. Die Arbeiten beziehen sich weitgehend auf die formale Behandlung grundlegender Begriffe (Kommunikation, Prozeß, Synchronisation, Deadlock, Livelock) der parallelen Programmierung, auf Methoden zur Spezifikation der Semantik und hierauf aufbauend zur Verifikation von Programmeigenschaften. Wesentliches Merkmal der CSP-artigen Sprachen und damit auch von Occam ist die Einfachheit der Sprachen. Daher der Name "Occam", der auf den englischen Philosophen William of Ockham (14. Jahrh.) zurückgeht. Occam trägt dem Rechnung und erlaubt Zuweisungen und als sequentielle Kontrollstrukturen die Hintereinanderschreibung, Verzweigung und Iteration. Konstrukte zur Formulierung rekursiver Strukturen sind nicht vorgesehen. Dem entspricht, daß lediglich statische Datentypen integer, real, byte, boolean, timer, channel und Feldtypen erlaubt sind. Die Möglichkeiten zur Beschreibung paralleler Prozesse und zur Kommunikation sind einfach. Die wesentlichen Merkmale sind:

- einfache Formen zur Kanaleingabe und Kanalausgabe verbunden mit synchronisierter Kommunikation
- ein Konstrukt zum Aufbau paralleler Prozesse in Form einer Variante des parbegin-parend-Konstrukts
- ein Konstrukt zur Beschreibung nichtdeterministischer Auswahlen und zum selektiven Nachrichtenempfang

Die Weiterentwicklung von Proto-Occam zu Occam-2 betrifft das Typkonzept und im Zusammenhang damit die Typisierung von Kanälen. Im folgenden wird anstelle von Occam-2 stets Occam verwendet.

Transputer

Transputer sind VLSI-Chips, die eine 16- oder 32-Bit RISC-Architektur, einen On-Chip-Speicher von 2-4 KB, ein Speicherinterface und ggf. weitere Interfaces zum Anschluß von z.B. Platten umfassen. Wesentliches Merkmal sind je nach Typ 2 oder 4 Linkinterfaces, mit deren Hilfe bidirektionale Punkt-zu-Punkt-Verbindungen zwischen je zwei Interfaces hergestellt werden können, so daß sich eine Vielzahl von Topologien für Transputersysteme schalten läßt. Zusätzliche INMOS-Bausteine erlauben den Aufbau von Mehrstufennetzwerken, von denen die aus dem Telefonvermittlungsdienst bekannten Clos-Netzwerke [Ben 65] eine besondere Rolle spielen. Sie lassen sich als Verbindungsstruktur zwischen Transputern verwenden und erlauben dynamische Veränderungen der Topologie zur Laufzeit von Programmen (Laufzeit *Rekonfigurierung*).

Konfiguration

Mit Hilfe von Direktiven für die Plazierung von Prozessen hat der Programmierer die Möglichkeit, eine verteilte Auswertung von Occam-Programmen zu veranlassen. Hierzu ist die Zuordnung von Prozessen zu Prozessoren und die von Occam-Kanälen zu Linkverbindungen mit Hilfe von Sprachelementen zur *Konfiguration* vorzunehmen. Im allgemeinen wird eine Verteilung aller parallelen Prozesse eines Programms auf paarweise verschiedene Prozessoren nicht gelingen, so daß einige Prozesse im Multiprocessing-Betrieb auf einem Transputer abzuwickeln sind. Für diese Zwecke verfügen Transputer über eine in Firmware implementierte Prozeßverwaltung mit Switch-Zeiten im µs-Bereich. Der vom Compiler generierte Code sieht eine Abbildung der Occam-Kanäle nebenläufig ausgeführter Prozesse auf "interne" Kanäle vor. Im Extremfall ist nur ein Transputer verfügbar, so daß alle parallelen Prozesse im Multiprocessing-Verfahren abgearbeitet werden.

Transputer-Development-System

Für Transputer ist das sog. Transputer-Development-System (kurz: TDS) [INM 88b] verfügbar. Es umfaßt u.a. einen Folding-Editor, Occam-Compiler, Debugger und diverse Bibliotheken für die Ein-Ausgabe, für mathematische Funktionen etc. TDS läuft auf Transputer-Boards, z.B. auf dem INMOS B004-Board bestehend aus einem IMS T414 32-Bit Host-Transputer mit 2MB Speicher und Einschuban-schlüssen für z.B. einen IBM AT/XT als Front-End-Rechner. Die Kommunikation zwischen dem Filesystem und Terminal (Bildschirm, Tastatur) des PC einerseits und dem Benutzerprogramm unter TDS des Host-Transputers andererseits wird durch Server vermittelt, die Bestandteil von TDS resp. von DOS sind.

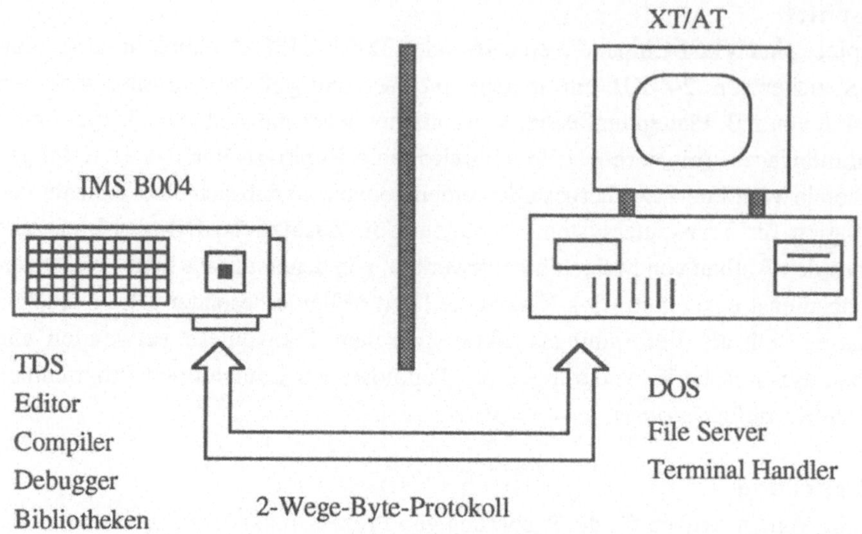

Bild 1: Hostrechner mit B004-Board

2 Occam

2.1 Überblick

Der zentrale syntaktische Begriff in Occam ist der des Prozesses. Er ist rekursiv definiert: Die primitiven Prozesse umfassen SKIP, STOP, Zuweisungen, Kanaleingaben und Kanalausgaben. Der Aufbau zusammengesetzter Prozesse erfolgt mit Hilfe der sequentiellen Konstruktoren SEQ (sequentielle Abfolge), IF (Verzweigung), CASE (Fallunterscheidung), WHILE (Iteration) und mit Hilfe des PAR- (parallele Prozesse) und des ALT-Konstruktors (nichtdeterministische Auswahl).
Seien P_1,...,P_k Prozesse, dann beschreibt

SEQ	eine sequentielle Bearbeitung der P_i: der Prozeß P_i startet
P_1	nach erfolgreicher Terminierung von P_{i-1} (i=2,..,k).
	Wie für andere Operatoren auch wird auf eine abschließende
	Klammer -vergleichbar mit <u>end</u> in <u>begin</u>...<u>end</u> verzichtet. Occam
P_k	sieht für diese Zwecke Einrücken der P_i um zwei Spalten vor.

Bedingte Prozesse <u>if</u> odd(x) <u>then</u> x:=3*x+1 <u>else</u> x:=x/2 haben in Occam ein Aussehen der Form

```
IF
  odd(x)
    x:=3*x+1
  TRUE
    x:=x/2
```

Entsprechende Formatierungsregeln gelten für weitere Konstrukte.

Daten

Occam ermöglicht die Spezifikation von Daten mit Hilfe von Ausdrücken, die in Zuweisungen zur Bewertung von Variablen, als Guards in Alt-Konstrukten, zur Charakterisierung von Indizes, von "Ticks" in zurückgestellten Inputs (delayed input), als Botschaften in Kanalausgaben, als aktuale Parameter in Aufrufen, als Werte von Funktionen und in Abkürzungen und Allokationen eine Rolle spielen. Der Aufbau der Ausdrücke erfolgt unter Beachtung von Typen, wobei Typumwandlungen Anpassungen von Operanden erlauben.

Im folgenden werden Ausdrücke zusammen mit Typen behandelt. Anschließend wird der Aufbau der Prozesse dargestellt.

2.2 Ausdrücke und Typen

In Occam sind Grundtypen für Zahlen, boole'sche Werte, Kanäle, Timer und zusammengesetzte Typen für Felder vorgesehen:

```
<type>            ::=  <primitive type> | <array type>
<primitive type>  ::=  CHAN OF <protocol> | TIMER | BOOL | BYTE |
                       INT16 | INT32 | INT64 | REAL32 | REAL64
<array type>      ::=  [<expression>]<type>
```

Die zusätzliche Form <primitive type> ::= PORT OF <type> ist im Zusammenhang mit der Konfiguration von Occam-Programmen von Wichtigkeit und wird dort kommentiert.

Ausdrücke

Die Occam-Syntax für Ausdrücke hat die Form:

```
<expression>  ::=  <monadic operator><operand>
                   |<operand><dyadic operator><operand>
                   |<conversion> | <operand>
                   |MOSTNEG <type> | MOSTPOS <type>
<operand>     ::=  <element> | <literal> | <table> | (<expression>)
<element>     ::=  <name> | <element>[<subscript>]
```

```
                       |[<element> FROM <subscript> FOR <subscript>]
<literal>        ::=   <integer> | <byte> | <integer>(<type>)
                       |<real>(<type>) | <string> | TRUE | FALSE
```

Ganze Zahlen

Die Interndarstellung ganzer Zahlen erfolgt im 2-er Komplement, d.h. bei einer Wortlänge l=3 z.B. sind die Zahlen

100	101	110	111	000	001	010	011
-4	-3	-2	-1	0	1	2	3

darstellbar.

Der Standard-Integer-Typ wird mit INT bezeichnet. Für 32-Bit Transputer entspricht INT dem Typ INT32, und für 16-Bit-Transputer dem Typ INT16. Die Zahlen 16, 32, 64 in INT16, INT32, INT64 wie auch in REAL32, REAL64 beschreiben die Anzahl der Bits, die zur Interndarstellung der Literale herangezogen werden.

Zur externen Darstellung der Integer-Zahlen kann die dezimale oder hexadezimale Schreibweise gewählt werden:

```
<integer>        ::=   <digits> | #<hex digits>
<digits>         ::=   <digit><digits> | <digit>
<digit>          ::=   0|1|2|3|4|5|6|7|8|9
<hex digits>     ::=   <hex digit><hex digits> | <hex digit>
<hex digit>      ::=   <digit>|A|B|C|D|E|F
```

Fehlt bei der Angabe eines Zahlliterals der Typ, dann wird INT angenommen.

<u>Beispiel</u>:

266 steht für 266(INT)

29(INT16) wird als 16-Bit Integer-Zahl aufgefaßt

9223372036854775807(INT64) ist die größte darstellbare ganze Zahl.

Als Hexadezimalzahl hat sie die Form: #7FFFFFFFFFFFFFFF

Occam sieht für diese Zahl den Ausdruck MOSTPOS INT64 vor.

Dementsprechend bezeichnet MOSTNEG INT64 die kleinste darstellbare ganze Zahl #8000000000000000

Gleitkommazahlen

Die Typen REAL32, REAL64 beschreiben eine Menge rationaler Zahlen, zu deren Interndarstellung die Vorzeichen-Mantisse-Exponent-Darstellung auf der Grundlage des ANSI-IEEE-Standards herangezogen wird.

Externe Darstellungen genügen der Syntax:

```
<real>          ::=  <digits>.<digits> | <digits>.<digits>E<exponent>
<exponent>      ::=  +<digits> | -<digits>
```

Der jeweilige Typ ist durch den Zusatz (<type>) festzulegen.
Beispiel:

2.71828(REAL32)

Boole'sche Werte: BOOL beschreibt die Menge {TRUE, FALSE}.

Zeichen

Die Zahlen von 0 bis 255 bilden die Grundmenge zu BYTE. Sie dienen zur Codierung von Zeichen.

```
<byte>          ::=  '<character>'
```

Es steht 97(BYTE) für 'a', 98(BYTE) für 'b' etc. Zur Beschreibung von '," etc. wird das *escape*-Zeichen * verwendet: 39(BYTE) steht für '*'', 34(BYTE) für '*"', 42(BYTE) steht für '**'. Der Stern * dient weiter zur Beschreibung von *Layout*--Zeichen: '*s' oder '*S' für Space, '*c' oder '*C' für Carriage Return, '*n' oder '*N' für Newline, '*t' oder '*T' für Tab-Zeichen etc.

Timer

Intuitiv sind Timer Kanäle, die von einem gedachten Uhrprozeß zum Benutzerprozeß führen. Die Deklaration erfolgt in der Form:

```
<declaration>   ::=  <type>{1,<name>}:
```

Beispiel:

```
TIMER clock:          -- clock ist Timer
[4]TIMER clocks:      -- clocks[0],...,clocks[3] sind Timer
```

Zugriffe zum Timer erfolgen in der Form: clock?time. Time ist dabei eine Variable vom Typ INT. Die vom Timer gelieferten "Zeiten" sind nämlich Integer-Zahlen, die aus der Prozessor-Frequenz abgeleitet und in festen Zeitabschnitten (*Periode*) inkrementiert werden und sich in zyklischer Weise (*Zyklus*) wiederholen.Bei 20 MHz beträgt die Periode 64µs für low-priority- und 1µs für high-priority-Prozesse. Der Timer-Zyklus ergibt sich aus der Wortlänge des Prozessors: bei 32-Bit-Transputern beträgt er 2^{32}. Dies entspricht $72^1/_2$ Stunden für 64µs-Ticks und ca 1h 8min bei 1µs-Ticks.

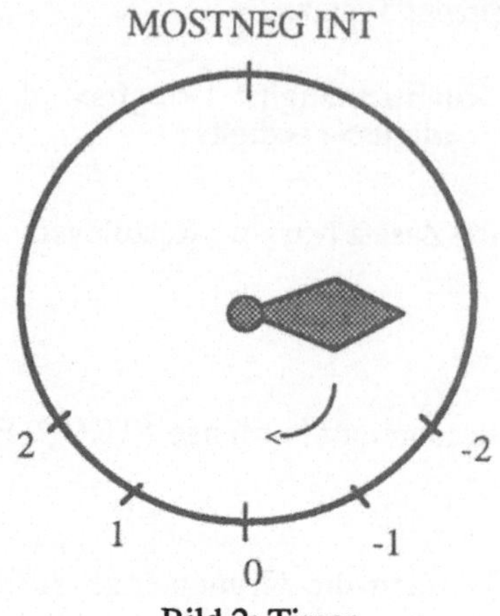

Bild 2: Timer

Die Eingabe vom Timer genügt der Syntax:

<input>	::=	<timer input> | <delayed input>
<timer input>	::=	<timer>?<variable>
<delayed input>	::=	<timer>?AFTER <expression>
<timer>	::=	<element>

Bei der ersten Form erhält die Variable den aktuellen Timer-Wert, und die zweite gestattet Verzögerungen der weiteren Prozeßausführung.

Ist c in clock ? AFTER expr der Wert des Timers clock und e der Wert zu expr im Moment der Auswertung, dann erfolgt eine Verzögerung mindestens bis zu dem Zeitpunkt, in dem c MINUS e > 0 zutrifft. Die Verzögerungszeit ergibt sich aus dem Weg im Uhrzeigersinn von c nach e, sofern dieser im Vergleich zu dem von e nach c der kürzere ist. Anderenfalls ist c MINUS e > 0 sofort erfüllt, und der Prozeß wird nicht unterbrochen. MINUS ist wie PLUS und AFTER ein Modulo-Operator, der Overflows und Underflows unberücksichtigt läßt und Resultate modulo 2^{n-1} liefert, wobei n die Wortlänge des Prozessors ist.

In

```
TIMER t:
INT start:
SEQ
  t?start
  t?AFTER start PLUS (10*second)
```

erhält die Variable start die aktuelle Zeit, so daß eine Verzögerung um mindestens 10 "Sekunden" erreicht wird.

Soll eine Aktion in festen Zeitabschnitten ausgeführt werden, kann eine "deadline" verwendet werden, deren Wert die Zeitpunkte für die Ausführung festlegt:

```
TIMER t:
INT deadline:
SEQ
  t?deadline
  WHILE ...
     deadline := deadline PLUS (10*second)
    t?AFTER deadline
     ... perform action
```

Im Beispiel sei angenommen, daß die Aktion innerhalb von 10∗second ausgeführt wird.
Eine weitere Anwendung besteht darin, Timer-Inputs zum Aufbau von Guards in Konstrukten zum selektiven Nachrichtenaustausch zu verwenden:

```
TIMER t:
INT prompted:
SEQ
    write.string(screen,"...")
   t?prompted
  ALT
    BYTE ch:
    keyboard?ch
        to.program!typed.character;ch
     t?AFTER prompted PLUS (30*second)
       to.program!operator.asleep
```

Felder
Konzeptionell ist ein Feld eine endliche Folge von Elementen desselben Typs. Zur Beschreibung dient:

<array type> ::= [<expression>]<type>,

wobei <expression> eine natürliche Zahl charakterisiert, die den Umfang des Feldes festlegt. In Occam beginnt die Indizierung mit 0 und endet mit e-1, wobei e der Wert des Ausdrucks sei, d.h. [50]INT beschreibt Felder field mit den Komponenten field[0],...,field[49], die wie üblich durch Indizierung field[<subscript>] mit

<subscript> ::= <expression>

bezeichnet werden.

Neben der Möglichkeit, einzelne Elemente zu selektieren, können Ausschnitte in der Form [field FROM <subscript> FOR <subscript>] von field gebildet werden. [field FROM 7 FOR 22] z. Bsp. beschreibt das Teilfeld field[7],..., field[7+22-1].
Konstanten für Feldvariable lassen sich als "table" aufbauen:

<table> ::= <table>[<subscript>] | [{1,<expression>}]
|[<table> FROM <subscipt> FOR <count>]
<count> ::= <expression>

Damit sind [1,2,3], ['a','b','c'] Tabellen.

Strings
Strings sind in Occam Felder von Zeichen:

<string> ::= <array type>

Zur Darstellung werden wie üblich Anführungszeichen verwendet: "Jetzt geht's um die Wurst." steht für die Tabelle: ['J','e','t','z','t','*s','g','e','h','t','*'','s','*s', 'u','m','*s','d','i','e','*s','W','u','r','s','t','.']

Zusammengesetzte Ausdrücke
Die Occam-Syntax für Ausdrücke erlaubt einstellige Operatoren (Negation, boolesches NOT, bitweises NOT, MOSTPOS, MOSTNEG) und zweistellige Operatoren +, -, *, /, REM, \, PLUS, MINUS, TIMES für die Arithmetik, BITAND, BITOR, >< (bitweises exklusives oder) als Bitoperationen, <<, >> als Shiftoperationen, AND, OR als boolesche Operatoren, =, <>, <, >, <=, >= als relationale Operatoren und zusätzliche Operatoren AFTER und SIZE. AFTER ist für Timer definiert, und SIZE liefert für Felder die Dimension: ist z.B. b ein Feld vom Typ [16]INT, dann liefert SIZE b den Wert 16. Für [16][8]INT b: hat man SIZE b=16 und SIZE b[1]=8.

Konversion von Datentypen
Mit Ausnahme von Shiftoperationen, deren Anzahl durch einen INT-Ausdruck gegeben sein muß, wird von allen Operanden in einem Ausdruck erwartet, daß sie vom gleichen Typ sind. Zur Anpassung lassen sich Daten primitiver Typen in numerisch vergleichbare Daten anderer primitiver Typen konvertieren:
Hat n den Typ REAL32, dann bewirkt REAL64 n die Überführung der Darstellung von n in die entsprechende Darstellung vom Typ REAL64. Dies kann durch Erweiterung geschehen, ohne daß dabei eine Änderung des Wertes auftritt. Eine Überführung vom REAL64- zum REAL32-Typ setzt voraus, daß die betreffende Zahl im Wertebereich zu REAL32 liegt. Für Konversionen zwischen Integer- und Real-

Typen bestehen zwei Rundungsmöglichkeiten: ROUND beschreibt eine Anpassung, durch die der nächstmögliche Wert des Operanden zum gewünschten Typ gebildet wird.

Beispiel:

INT32 ROUND 0.75(REAL32) erzeugt 1 als Wert
INT32 ROUND 0.25(REAL32) erzeugt 0 als Wert
INT32 ROUND 3.5(REAL32) erzeugt 4 als Wert -- Runden zur nächsten
INT32 ROUND 2.5(REAL32) erzeugt 2 als Wert -- geraden Zahl

Mit Hilfe von TRUNC werden Anpassungen spezifiziert, bei denen eine Rundung zur 0 hin vorgenommen wird:

Beispiel:

INT32 TRUNC 0.75(REAL32) erzeugt 0 als Wert
Seien x,y Variable vom Typ REAL32 mit dem Wert 3.5 resp. 2.5, dann erzeugt INT16 TRUNC (x/y) den Wert 1, aufgefaßt als Element vom Typ INT16

2.3 Protokolle

Die Deklaration von Kanälen erfolgt wie die von Variablen oder Timern in der Form:

<declaration> ::= <type>{1,<name>}:, wobei als Typ CHAN OF <protocol> heranzuziehen ist.

Protokolle legen den Typ und die Struktur der transferierbaren Nachrichten fest. Sie genügen der Syntax:

<protocol> ::= <simple protocol> | ANY
<simple protocol> ::= <type> | <primitive type>::[]<type>

Beispiel:

CHAN OF [36]BYTE message: deklariert den Kanal message zum Transfer von Strings der Länge 36

Bemerkung:

In Ausnahmefällen kann ein Kanalprotokoll nicht festgelegt werden. Für Fälle dieser Art dient ANY: CHAN OF ANY printer:

Häufig werden Kanäle zur Übertragung von Feldern unterschiedlicher Länge mit demselben Elementtyp benötigt. Für diese Zwecke lassen sich sog. *counted arrays* vom Typ <primitive type>::[]<type>, bestehend aus einem Wert, zur Charakterisierung der Länge eines Feldes mit Elementen vom Typ <type> heranziehen.

Beispiel:

In CHAN OF INT::[]BYTE message: bezeichnet message einen Kanal zum Transfer von Strings. message!16::"Jetzt geht's um die Wurst" hat den Effekt, daß die ersten 16 Zeichen des Strings in den Kanal message ausgegeben werden. In message?len::buffer nimmt die Variable len die Länge eines ausgegebenen Strings und buffer den übertragenen String selbst auf.

Die Syntax für Kanaleingaben resp. Kanalausgaben hat ein Aussehen der Form:

```
<input>              ::=   <channel>?<input item>
<input item>         ::=   <variable> | <variable>::<variable>
<output>             ::=   <channel>!<output item>
<output item>        ::=   <expression> | <expression>::<expression>
<channel>            ::=   <element>
```

Benennung von Protokollen

In Occam besteht die Möglichkeit, Protokolle im Rahmen einer Definition zu benennen:

```
<definition>              ::=   PROTOCOL <name> IS <simple protocol>
                                |PROTOCOL <name> IS <sequential protocol>:
<sequential protocol>     ::=   {1;<simple protocol>}
```

Sequentielle Protokolle erlauben Kanäle zum Transfer von Tupeln, deren Komponenten einem einfachen Protokoll genügen müssen.

Beispiel:

Sei PROTOCOL complex IS REAL32;REAL32:, dann erlaubt der Kanal items mit CHAN OF complex items: den Transfer von Paaren reeller Zahlen. Kanaleingaben- resp. Ausgaben haben die Form: items?real.part;imaginary.part resp. items!2.7;4.0

Dementsprechend ist die Syntax zu ergänzen:

```
<input               ::=   <channel>?{1;<input item>}
<output>             ::=   <channel>!{1;<output item>}
```

Variante Protokolle

Mit Hilfe varianter Protokolle lassen sich Kanäle deklarieren, die Botschaften unterschiedlichen Typs akzeptieren:

Beispiel:

```
PROTOCOL files
   CASE
        request;BYTE
          filename;[14]BYTE
         word;INT16
          record;INT32;INT16::[]BYTE
          error;INT16;BYTE::[]BYTE
         halt
```

definiert ein variantes Protokoll files. Für die Kanalkommunikation sind Elemente vom Typ BYTE, [14]BYTE etc. erlaubt. Zur Unterscheidung werden Tags request, filename etc. herangezogen. Sei CHAN OF files to.dfs: In

```
to.dfs ! request ; getrecord
```

erfolgt eine Kanalausgabe mit dem Tag request, und getrecord bezeichnet einen Wert vom Typ BYTE. Durch to.dfs!halt wird lediglich das Tag halt ausgegeben; eine weitere Kanalausgabe ist nicht vorgesehen. Zur Spezifikation einer Kanaleingabe für CHAN OF files from.dfs: ist eine Fallunterscheidung vorzunehmen:

```
from.dfs?CASE
    request;rec
     .......                        -- Prozeß
    record;rnumber;rlen::buffer
     ......                         -- Prozeß
    error;enumber;elen::buffer
```

Variante Protokolle und die zugehörige Kanalausgabe genügen der Syntax:

```
<definition>          ::=   PROTOCOL <name>
                                CASE
                                   {<tagged protocol>}:
<tagged protocol>     ::=   <tag> | <tag>;<sequential protocol>
<tag>                 ::=   <name>
<output>              ::=   <channel>!<tag>
                            |<channel>!<tag>;{1;<output item>}
```

Die Kanaleingabe für variante Protokolle genügt den Regeln:

```
<process>             ::=   <case input>
<case input>          ::=   <channel>?CASE
                               {<variant>}
<variant>             ::=   <tagged.list>
                                <process>
```

|<specification>
<variant>
<tagged.list> ::= <tag> | <tag>;{1;<input item>}

2.4 Prozesse

Occam Programme sind *Prozesse*, die starten, Zustandstransformationen bewirken und erfolgreich oder mit einem Fehlschlag terminieren. Fehlschlagen äußert sich unterschiedlich: es können Fehler bei der Auswertung von Ausdrücken auftreten, oder es ergeben sich Deadlocks durch Kommunikationswünsche mit bereits terminierten Prozessen. Eine weitere Ursache kann darin bestehen, daß sich Kommandos divergent verhalten und keinerlei Kommunikation mit der Umwelt eingehen (livelock). Dieses Verhalten der Prozesse ist induktiv zu definieren: für einfache Prozesse werden die Effekte und die Art der Terminierung explizit beschrieben, und für zusammengesetzte Prozesse werden sie in Abhängigkeit von der Art der Zusammensetzung auf die entsprechenden Eigenschaften der Komponenten zurück-geführt. Der Start eines sequentiellen Prozesses z.B. fällt mit dem Start des ersten Teilprozesses zusammen, und nachfolgende Prozesse starten unmittelbar nach erfolgreicher Terminierung des Vorgängers. Der Prozeß terminiert erfolgreich, falls dies schließlich auf den letzten Teilprozeß zutrifft. Prozesse sind in Occam induktiv definiert: Primitive Prozesse sind der SKIP- und STOP-Prozeß, Zuweisungen, Kanaleingaben und Kanalausgaben. Zum Aufbau zusammengesetzter Prozesse dienen die sequentiellen Konstruktoren SEQ, WHILE, CASE, IF und die Konstruktoren PAR, ALT. Occam erlaubt Prozeduren und Funktionen und gestattet damit die Benennung von Prozessen mit wohldefinierten Schnittstellen. Im folgenden Beispiel dienen formale Kanalparameter in, s.comms, d.comms, out zur Beschreibung von Kanälen für den Transfer von INT-Zahlen zwischen den durch die Prozeduren spezifizierten Prozessen und dem Benutzer. Als Übergabemechanismus ist call-by-reference vorgesehen. Im Unterschied zum comms-Kanal sind keyboard und screen durch TDS vordefinierte Kanäle, denen feste Transputerlinks des Hosttransputers zukommen und die zur Kommunikation zwischen der Anwendung und dem Benutzer dienen: keyboard vermittelt Tastenanschläge und screen die vom Programm erzeugten Daten.

Beispiel:

```
PROC producer(CHAN OF INT in, CHAN OF INT s.comms)
  INT ch:
  BOOL going:
  SEQ
    going:=TRUE
    WHILE going
      SEQ
        in?ch
        s.comms!ch :
```

```
PROC consumer(CHAN OF INT d.comms, CHAN OF ANY out)
  INT ch:
  BOOL going
  SEQ
    going:=TRUE
    WHILE going
      SEQ
        d.comms?ch
        out!ch

CHAN OF INT comms:
PAR
  producer(keyboard,comms)
  consumer(comms,screen)
```

Der Hauptteil des Programms sieht den Parallelstart eines Konsument- und Produzentprozesses vor. Benutzereingaben werden vom Produzenten akzeptiert und unmittelbar danach über den Verbindungskanal an den Konsumenten weitergegeben. Weitere Eingaben können erst wieder übernommen werden, nachdem die Kommunikation zwischen den Prozessen abgeschlossen ist. In ähnlicher Form muß der Produzent ggf. auf den Konsumenten solange warten, bis dieser die zuvor gelesene Zahl zur Darstellung auf dem Bildschirm an den TDS-Server weitergegeben hat. Die While-Konstruktionen im Körper der Prozeduren sorgen für einen immerwährenden Lauf der Prozesse. Zur Steuerung der Terminierung kann ein Multiplexer und ein weiterer Kanal für ein Stopsignal vorgesehen werden. Durch das Programmstück

```
WHILE going
  ALT
    in?ch
      out!ch
    stop?signal
      going:=FALSE
```

wird ein Puffer mit Stopmöglichkeit spezifiziert. Zur Auswahl kommt diejenige Alternative, für die zeitlich vor der anderen eine erfolgreiche Kanaleingabe durchgeführt ist.

Syntax der Prozesse

```
<process>      ::=  SKIP | STOP |<action> | <construction>
                    |<instance> | <allocation>
                    |<specification>
                    <process>
```

SKIP, STOP und die aus <action> ableitbaren Prozesse sind primitive Prozesse. Zusammengesetzte Prozesse werden durch <construction>- und Aufrufe durch <instance>-Konstrukte erfaßt. Die weiteren Syntaxregeln ermöglichen die Deklaration von Variablen, Prozeduren, Funktionen etc., deren Gültigkeitsbereich durch den jeweils folgenden Prozeß gegeben ist. Die letzte Regel schließlich dient zur Konfiguration und gestattet die Definition absoluter Adressen für Variable, Kanäle, Timer oder Felder.

Primitive Prozese

Der einfachste Prozeß SKIP startet und terminiert danach erfolgreich, ohne eine Zustandsänderung zu bewirken. STOP bezeichnet einen Prozeß, der startet, den Zustand unverändert läßt und verklemmt, d.h. mit einem Fehlschlag terminiert.
Weitere primitive Prozesse sind:

<action>	::=	<assignment> | <input> | <output>

Zuweisung

Zuweisungen genügen der Syntax:

<assignment>	::=	<variable> := <expression>
		|<variable list> := <expression list>
<variable list>	::=	{1,<variable>}
<expression list>	::=	{1,<expression>}
<variable>	::=	<element>

Neben Zuweisungen an einfache Variable erlaubt die Syntax Mehrfachzuweisungen und Zuweisungen an strukturierte Variable. Eine Zuweisung schlägt fehl, falls die Auswertung des Ausdrucks resp. der Ausdrucksliste fehlschlägt oder falls die rechte und linke Seite der Zuweisung im Hinblick auf die Strukturierung oder die auftretenden Typen nicht kompatibel sind. Anderenfalls terminiert die Zuweisung erfolgreich und bewirkt durch Bewerten der Variablen eine Speichertransformation.

Kanaleingabe und Kanalausgabe

Die von einem Kommunikationsprozeß hervorgerufene Zustandstransformation und die Art der Terminierung hängt vom Kommunikationspartner und vom Protokoll des zugrunde liegenden Kanals ab. Eine Kanaloperation schlägt fehl, falls der Partnerprozeß bereits terminiert hat, die Auswertung des Ausdrucks im Sendeprozeß fehlschlägt oder die Zuweisung an die Zielvariable im Input-Prozeß aufgrund von Protokoll-Inkompatibilitäten nicht möglich ist. Sind beide Kommunikationsprozesse bereit zur Kommunikation, dann kann die Zuweisung an die Zielvariable erfolgen,

und beide Prozesse können erfolgreich terminieren. Weitere Einzelheiten hierzu finden sich in [INM 88a].
Die zusätzlich Form <port>?<variable> für die Eingabe und <port>!<expression> für die Ausgabe ist für die Konfiguration von Prozessen von Wichtigkeit und wird unten beschrieben.

Zusammengesetzte Prozesse
Ein zusammengesetzter Prozeß

```
<construction>  ::=  <sequence> | <conditional> | <loop> | <selection>
                     |<parallel> | <alternation>
```

ist eine Sequenz von Prozessen, eine Verzweigung, Iteration, Fallunterscheidung, Alternative, oder ein paralleler Prozeß.

Sequenz von Prozessen

```
<sequence>      ::=  SEQ
                       {<process>}
```

Die Prozesse werden in textueller Reihenfolge abgearbeitet: bei erfolgreicher Terminierung eines Subprozesses wird der folgende Prozeß auf der Grundlage der zuvor gewonnenen Speicherbelegung gestartet. Die Sequenz terminiert erfolgreich, falls der Reihe nach alle Subprozesse erfolgreich terminieren. Ist dies nicht der Fall, dann terminiert die Sequenz mit einem Fehlschlag. Ist für {<process>} kein Prozeß vorgesehen, dannn verhält sich der SEQ-Prozeß wie SKIP.
Mit Hilfe von

```
<sequence>      ::=  SEQ <replicator>
                       <process>
<replicator>    ::=  <name>=<base> FOR <count>
<base>          ::=  <expression>
<count>         ::=  <expression>
```

lassen sich *replizierte* sequentielle Prozesse definieren, die sich höchstens um den Index <name> unterscheiden.
<u>Beispiel</u>:

```
SEQ i=0 FOR array.size
    stream!data.array[i]
```

Die Ausgabe von data.array[i] für i=0,...,array.size-1 wird der Reihe nach durchgeführt.

Bedingte Prozesse

Syntax:

```
<conditional>        ::=  IF
                            {<choice>}
<choice>             ::=  <guarded choice> | <conditional>
<guarded choice>     ::=  <boolean>
                            <process>
<boolean>            ::=  <expression>
```

Bedingte Prozesse bestehen aus einer Folge von <choice>-Konstrukten, die jeweils ein geschützter Prozeß oder wieder ein bedingter Prozeß sein können. Die Auswertung erfolgt sequentiell in textueller Reihenfolge: liegt ein geschützter Prozeß vor, dann hängt das weitere Verhalten vom boole'sche Ausdruck ab. Trifft er zu, dann ist der nachfolgende Prozeß auszuführen. Ergibt sich false als Wert, dann wird zur nächsten <choice> im IF übergegangen. Führt die Auswertung auf einen Fehler, dann verhält sich der Prozeß wie STOP. Dieses Verhalten ist auch für den Fall vorgesehen, in dem keine "<choice>"-Bestandteile existieren oder alle boole'schen Ausdrücke unzutreffend sind und evtl. vorhandene bedingte Komponentenprozesse stoppen.

Beispiel:

```
IF
  n<0
    sign:=-1
  n=0
    sign:=0
  n>0
    sign:=1
```

setzt die Variable sign zu -1,0,1, je nachdem n<0, n=0 oder n>0

In
```
IF
  x<y
    x:=x+1
```
ist nur eine Bedingung vorgesehen. Die Semantik sieht vor, daß sich der Prozeß für x≥y wie STOP verhält.

Replizierte bedingte Prozesse

Wie für den SEQ-Konstruktor lassen sich durch Indizieren eine Reihe ähnlicher Prozesse beschreiben:

```
<conditional>        ::=  IF <replicator>
                            <choice>
```

Beispiel:

In
```
IF i=0 FOR 3
        array[i]=0
    array[i]:=1
```
werden die drei Elemente array[0],...,array[2] daraufhin untersucht, ob sie Null sind. Gibt es keinen Index i=0,1,2 mit array[i]=0, dann verhält sich der Prozeß wie STOP.

```
IF
  IF i=0 FOR 3
    array[i]=0
      array[i]:=1
  TRUE
    SKIP
```

Soll dies vermieden werden, dann kann ein umschließendes IF verwendet werden.

Auswahl von Prozessen

Syntax:

```
<selection>          ::=  CASE <selector>
                            {<option>}
<option>             ::=  {1,<case expression>}
                            <process>
                          |ELSE
                            <process>
<selector>           ::=  <expression>
<case expression>    ::=  <expression>
```

Es wird erwartet, daß die <case expression>'s im Prozeß paarweise verschiedene Werte desselben Typs (zulässig sind INT-Typen oder BYTE) beschreiben. Dieser muß auch mit dem des Selektors übereinstimmen. Der Prozeß verhält sich wie STOP, falls keine <option> vorgesehen ist, oder der berechnete Wert des Selektors mit keinem Case-Ausdruck übereinstimmt.

Beispiel:

In
```
CASE direction
  up
    x:=x+1
  down
    x:=x-1
```
sind up und down mögliche Werte für direktion. Für direction=up wird x:=x+1, und für direction=down wird x:=x-1 ausgeführt.

Im Fall direction direction $\in$ {up,down} verhält sich der CASE-Prozeß wie STOP.

Iterative Prozesse

Syntax:

```
<loop>          ::= WHILE <boolean>
                      <process>
```

Beispiel:

In
```
WHILE buffer<>eof
  SEQ
    in?buffer
    out!buffer
```
wird solange ein über den in-Kanal gelesener Wert in die Ausgabe kopiert, bis eof eingelesen wird.

Parallele Prozesse

Syntax:

```
<parallel>      ::=   PAR
                        {<process>}
```

Die Formen zu

```
<parallel>      ::=  <placedpar> | PRI PAR
                              {<process>}
```

spielen im Zusammenhang mit der Konfiguration eine Rolle und werden unten dargestellt.
Parallele Prozesse haben in Occam die Form von parbegin-parend-Konstrukten und bestehen aus einer im Programm festgelegten Zahl paralleler Prozesse. Eine Auswertung hat zur Folge, daß die im Konstrukt aufgeführten Prozesse zugleich gestartet werden und die dort spezifizierten Speichertransformationen parallel durchgeführt werden. Der Prozeß terminiert erfolgreich, falls dies für alle Komponenten zutrifft, ansonsten terminiert er mit einem Fehlschlag.

An parallele Prozesse werden eine Reihe statisch-semantischer Anforderungen gestellt, von denen die wichtigsten sind:

> Variablen, die aufgrund einer Zuweisung oder einer Kanaleingabe innerhalb eines Teilprozesses modifiziert werden können, dürfen in keinem anderen Teilprozeß vorkommen.
> Kanäle dürfen in höchstens einem Teilprozeß für Kanaleingaben und in höchstens einem anderen Teilprozeß für Kanalausgaben verwendet werden.

Replizierte parallele Prozesse

Durch

```
<parallel>          ::=        PAR <replicator>
                                  <process>
```

lassen sich "ähnliche" parallele Prozesse spezifizieren.

<u>Beispiel</u>:

```
[20]CHAN OF INT slot:
PAR i=0 FOR 19
   WHILE TRUE
              INT y:
      SEQ
         slot[i]?y
         slot[i+1]!y
```

beschreibt eine Pipeline bestehend aus 19 parallelen Prozessen. Die Verbindung vom i-ten zum i+1-ten Prozeß wird durch den Kanal slot[i+1] vermittelt (i=0,..,18)

Alternative Prozesse

Syntax:

```
<alternation>           ::=    ALT
                                 {<alternative>}
<alternative>           ::=    <guarded alternative> | <alternation>
<guarded alternative>   ::=    <guard>
                                 <process>
```

```
<guard>          ::=    <input>
                        |<boolean> & SKIP          -- Skip-Guard
                        |<boolean> & <input>       -- Input-Guard
```

Alternative Prozesse bestehen aus einer Menge von geschützten Prozessen oder ALT-Prozessen, von denen genau einer ausgewählt werden soll. Für diese Zwecke werden zunächst die Guards untersucht. Verfügt ein ALT-Prozess über Alternativen, die ihrerseits ALT-Prozesse sind, dann werden die dort spezifizierten Guards in die parallele Auswertung einbezogen. Die Auswahl erfolgt unter den Alternativen, deren Guard eine erfolgreiche Auswertung zuläßt. Ergibt sich dabei für ein Guard ein Fehlschlag, dann überträgt sich dies auf das Gesamtkommando. Ist dies nicht der Fall, dann kann eine Auswahl unter den Alternativen erfolgen, deren Guards erfolreich ausgewertet sind. Dies setzt voraus, daß solche Guards existieren. Gibt es keine zutreffenden Guards, dann wird die weitere Bearbeitung suspendiert, sofern Guards existieren, deren boole'scher Anteil zutrifft und deren Input-Kommando zu suspendieren ist. Eine Verklemmung tritt auf, falls keine Komponentenprozesse vorgesehen sind oder alle Guards einen nicht zutreffenden boole'schen Anteil enthalten.

Beispiel:

```
ALT
  left?packet
    stream!packet
  right?packet
    stream!packet
```

beschreibt einen Merge-Prozeß, der die über zwei Eingabekanäle left, right gelesenen Werte auf den Ausgabekanal stream gibt.

Replizierte alternative Prozesse

Syntax:

```
<alternation>        ::=   ALT <replicator>
                               <alternative>
```

Beispiel:

```
[40]CHAN OF INT in:
CHAN OF INT out:
PAR
  ... providing data in channels
  WHILE TRUE
    INT y:
    ALT i=0 FOR 40            -- Auswahl unter 40 Eingaben und Ausgabe
      in[i]?y
        out!y
```

2.5 Gültigkeitsbereiche

Gültigkeitsbereiche (scope) beziehen sich auf Namen, die in Occam zur Benennung von Variablen, Kanälen, Timern, Protokollen, Tags, Abkürzungen, Prozeduren, Funktionen und Replikatorindizes dienen. Bis auf Replikatorindizes und Tags lassen sie sich mit Hilfe von Spezifikationen in Programme einführen:

```
<specification>  ::=  <declaration>
                       |<abbreviation>
                       |<definition>
```

Deklarationen dienen zur Einführung von Variablen, Kanälen, Timer, Protokollen, Ports zusammen mit ihren Typen:

```
<declaration>    ::=  <type>{1,<name>}:
```

Mit Hilfe von Abkürzungen lassen sich Namen stellvertretend für Ausdrücke oder für Elemente festlegen, und Definitionen erlauben die Beschreibung von Prozeduren und Funktionen. Spezifikationen können sich auf die Konstrukte beziehen:

```
<process>        ::=  <specification>
                      <process>
<choice>         ::=  <specification>
                      <choice>
<option>         ::=  <specification>
                      <option>
<alternative>    ::=  <specification>
                      <alternative>
<variant>        ::=  <specification>
                      <variant>
<valof>          ::=  <specification>
                      <valof>
```

Der Gültigkeitsbereich eines durch eine Spezifikation eingeführten Namens erstreckt sich auf das Konstrukt, das gemäß einer der Regeln unmittelbar auf die Spezifikation folgt.

Beispiel:

```
INT n:                 Deklaration von n
SEQ                    Scopebeginn
  n:=0
  WHILE n<10
    n:=n+1             Scopeende
```

Beispiel:

```
INT Y:                 Der Gültigkeitsbereich von y in INT y: wird
SEQ                    durch die Deklaration REAL32 y: innerhalb
  input?y              des ALT-Konstrukts aufgehoben, y ist dort
```

```
ALT                          als REAL32-Variable deklariert.
  REAL32 y:
  chan?y
```

2.6 Abkürzungen

Occam erlaubt Abkürzungen für Ausdrücke und für Elemente
Syntax von Abkürzungen für Ausdrücke:

```
<abbreviation>  ::=  VAL <specifier><name> IS <expression>:
                     |VAL <name> IS <expression>:
<specifier>     ::=  <primitive type>
                     |[]<specifier> | [<expression>]<specifier>
```

Von einer korrekten Abkürzung wird erwartet, daß der Ausdruck wohldefiniert ist und die Werte der darin vorkommenden Variablen sich im Gültigkeitsbereich der Abkürzung nicht ändern. Ferner muß in der ersten Form der Typ des Ausdrucks mit dem durch den <specifier> gegebenen Typ übereinstimmen. In beiden Fällen wird dieser Typ als Typ für den abkürzenden Bezeichner übernommen. Specifier sind primitive Typen oder beschreiben Felder unbekannter oder bekannter Länge.

Beispiel:

```
VAL INT week IS 7:                          week ist Konstante von Typ INT
VAL week IS 7:                              mit 7 als Wert
VAL []BYTE vowel IS ['a','e','i','o','u']:  vowel steht für die Tabelle der
                                            Vokale
VAL REAL32 y IS (m*x)+c:                    Zuweisungen an m,x,c im Gültig-
                                            keitsbereich von y nicht erlaubt
```

Syntax von Abkürzungen für Elemente:

```
<abbreviation>  ::=  <specifier><name> IS <element>:
                     |          <name> IS <element>:
```

Wird der optionale Specifier verwendet, dann muß der durch ihn gegebene Typ und der Typ des Elements übereinstimmen.

2.7 Prozeduren

Mit Hilfe von Prozeduren lassen sich Prozesse benennen und innerhalb ihres Gültigkeitsbereichs aufrufen.

Syntax:

```
<definition>        ::=  PROC <name> ({0,<formal>})
                              <procedure body>:
```

<formal> ::= <specifier>{1,<name>}
|VAL <specifier>{1,<name>}
<procedure body> ::= <process>
<instance> ::= <name>({0,<actual>})
<actual> ::= <element> | <expression>

Eine Prozedurdefinition besteht aus dem Kopf und dem Körper der Prozedur. Durch den Kopf sind der Name und die formalen Parameter gegeben. Prozeduren werden als <instance> unter dem Namen der Prozedur unter Verwendung aktualer Parameter anstelle der formalen aufgerufen. Die formalen Parameter entsprechen in der Form VAL<specifier><name>,..,<name> Abkürzungen für Ausdrücke und in der Form <specifier><name>,..,<name> Abkürzungen für Elemente. Dementsprechend sind je nach Fall aktuale Parameter entweder Ausdrücke oder Elemente und werden *by value* resp. *by reference* übergeben. Von dem jeweiligen Typ wird erwartet, daß es mit dem des Specifiers übereinstimmt.

2.8 Funktionen

Funktionen gestatten die Benennung von Prozessen, mit deren Hilfe Werte gewonnen werden können.

Syntax:

<definition> ::= {1,<primitive type>} FUNCTION <name>
({0,<formal>})<function body>:
<function body> ::= <value process>
<value process> ::= <valof>
<valof> ::= VALOF
<process>
RESULT <expression list>
|<specification>
<valof>

Ein Value-Prozeß <valof> erzeugt als Ergebnis eine Liste, bestehend aus einem oder mehreren Werten. Im ersten Fall dürfen Funktionsaufrufe Operanden in einem Ausdruck sein:

<operand> ::= <name>({0,<expression>})

Beispiel:

```
INT FUNCTION sum(VAL []INT values)
  INT acc:
  VALOF
    SEQ
      acc:=0
      SEQ i=0 FOR SIZE values
        acc:=acc+values[i]
    RESULT acc
```

```
...
total:=subtotal+sum(v)
...
```

Liefert eine Funktion mindestens zwei Werte, dann können Aufrufe auf der rechten Seite einer Mehrfachzuweisung vorkommen:

```
<assignment>          ::=   <variable list> := <expression list>
<expression list>     ::=   <name>({0,<expression>})
```

Beispiel:

```
INT, BOOL FUNCTION instr(VAL BYTE char, VAL []BYTE string)
  BOOL ok:
   INT ptr:
  VALOF
     IF
       IF i=0 FOR SIZE string
            sting[i]=char
            SEQ
               ok:=TRUE
                 ptr:=i
       TRUE
          SEQ
             ok:=FALSE
               ptr:=-1
     RESULT ptr,ok

VAL message IS ".....":
INT point:
BOOL found:
SEQ
    point, found := instr('g', message)
   ...
```

Value-Prozesse dürfen auch direkt als Operand verwendet werden:

```
<operand>             ::=   (<value process>  -- bei einwertigen Funktionen
                            )
<expression list>     ::=   (<value process>  -- bei mehrwertigen Funktionen
                            )
```

2.9 Konfiguration

Die Konfiguration betrifft Sprachmittel, mit deren Hilfe Konstrukte eines Occam-Programms auf Hardware-Komponenten abgebildet werden können. Insbesondere handelt es sich um die Zuordnung von Prozessen zu Prozessoren, die von Kanälen zu Kommunikationslinks und die von Variablen, Vektoren, Ports zu Adressen. Zusätzlich sind noch Sprachmittel zur Priorisierung von PAR- und ALT-Konstrukten und das Retyping-Konzept betroffen.

Plazierung paralleler Prozesse
Die Verteilung der Teilprozesse von

```
PAR
   terminal(term.in,term.out)
   editor(term.in,term.out,files.in,files.out)
   network(files.in,files.out)
```

auf Prozessoren 1,2,3 erfolgt so:

```
PLACED PAR
   PROCESSOR 1
      terminal(term.in,term.out)
   PROCESSOR 2
      editor(term.in,term.out,files.in,files.out)
   PROCESSOR 3
      network(files.in,files.out)
```

Die Syntaxregeln hierzu haben die Form:

```
<parallel>      ::=   <placedpar>
<placedpar>     ::=   PLACED PAR
                         {<placedpar>}
                      |PLACED PAR <replicator>
                         <placedpar>
                      |PROCESSOR <expression>
                         <process>
```

Die Syntax beschreibt einen konzeptionellen Rahmen, der durch Regeln zur Assoziation der Prozessoren 1,2,3 und der Transputer einer konkreten Topologie zu ergänzen ist. Dies wird im nächsten Paragraphen im Zusammenhang mit der Beschreibung von TDS durchgeführt.

Allokierung
Die Zuordnung einer Adresse #3800 zum Occam-Kanal term.in erfolgt mit Hilfe der Allokation:

```
PLACE term.in AT #3800:
```

Die Syntax hierzu umfaßt die Regeln:

```
<process>       ::=      <allocation>
                         <process>
<allocation>    ::=      PLACE <name> AT <expression>:
```

Der Ausdruck in der Allocation definiert eine natürliche Zahl, die als Wortoffset -als sog. *Occam Adresse-* interpretiert wird. Die Zuordnung von Occam-Adressen zu Byte-Adressen ist definiert durch,

```
VAL occam.adr IS (machine.addr><(MOSTNEG INT)) >> w.length:
```

wobei w.lenght den Wert 1 (bzw. 2) für einen 16-Bit- (32-Bit-) Transputer hat. Der *Byteadresse* #80000004 z.Bsp. entspricht bzgl. einer 32-Bit-Machine die *Occam-Adresse* 1.

Die Allokation bezieht sich nicht nur auf Kanäle, sie erlaubt weiter die Zuordnung von Adressen zu Variablen, Vektoren und Ports:

```
[80]INT buffer:
PLACE buffer AT #0400:
```

Ports

Für Ports sind Input- und Output-Operationen definiert: uart?buffer liest vier Bytes aus dem Portspeicher und legt sie im Puffer ab, und mit Hilfe von uart!table werden die vier Bytes von table in den Port geschrieben. Die Syntax hierzu hat ein Aussehen der Form:

```
<primitive type>     ::=     PORT OF <type>
<input>              ::=     <port>?variable>
<output>             ::=     <port>!<expression>
<port>               ::=     <element>

PORT OF [4]BYTE uart:    -- Dekaration des Ports uart
PLACE uart AT #0800:     -- Allokierung von uart
```

Priorisiertes ALT und -PAR

Konzeptionell werden bei der Auswertung eines ALT alle Alternativen zur Auswahl in gleicher Weise herangezogen. In

```
WHILE TRUE
ALT
  interruption?CASE signal
    unusual()
  INT message:
  input?message
    usual(message)
```

kann die Übernahme eines Signals stets zurückgestellt werden, falls bei jeder Auswertung des ALT auch die Kanaleingabe input?message ausführbar ist. Dies Verhalten widerspricht der Intention, nach der Interrupt-Signale mit Priorität behandelt werden sollen. Zur Priorisierung verfügt Occam über ein PRI ALT-Konstrukt:

```
<alternation>      ::=      PRI ALT
                              {<alternative>}
                            |PRI ALT <replicator>
                              <alternative>
```

Analog zum PRI-ALT gibt es auch ein PRI PAR-Konstrukt. In

```
PRI PAR
  PAR
    incoming.router()
    outgoing.router()
  PAR
    user.routine()
    background.task()
```

wird die erste PAR-Gruppe mit Vorrang ausgewertet, falls der PRI-PAR-Prozeß nebenläufig abgearbeitet wird. Die Syntaxregeln lauten:

```
<parallel>         ::=      PRI PAR
                              {<process>}
                            |PRI PAR <replicator>
                              <process>
```

Retyping Konversion

Occam verfügt über Sprachmittel zur Typisierung vorgegebener Bitmuster ohne diese dabei zu verändern. Die Konversion ist für Elemente oder für Werte von Ausdrücken vorgesehen. Durch

```
VAL REAL32 root RETYPES #7F840000(INT32):
```

wird root als Konstante vom Typ REAL32 mit dem durch die Hexadezimalzahl #7F840000(INT32) gegebenen 32-Bit Muster als Wert vereinbart.
Die Syntax sieht die Retyping-Konversion im Rahmen von Definitionen vor:

```
<definition>   ::=   <specifier><name> RETYPES <element>:
                     |VAL <specifier><name> RETYPES <expression>:
```

2.10 Programmieren in Occam

Occam-Programme beschreiben in strukturierter Weise parallele Prozesse, denen sequentielle Programme zugrunde liegen und die mit der Umwelt und untereinander durch den Austausch von Nachrichten kommunizieren. Beim Entwurf eines Programms treten Gesichtspunkte in den Vordergrund, welche die Synchronisation und Kommunikation auf der Grundlage von Nachrichten, das Starten und Terminieren von Prozessen und Fragen der Konfiguration betreffen. Ausgangspunkt der Programmierung kann ein graphentheoretischer Entwurf sein, bei dem den Kanten Kommunikationskanäle entsprechen und den Knoten Teilprogramme zugeordnet sind, die elementar und sequentiell sein können oder die ihrerseits eine parallele Struktur aufweisen und durch einen entsprechenden Graphen beschrieben werden können. Der folgende Text umfaßt eine Reihe von Beispielen, die grundlegende Prozeß- und Kommunikationsstrukturen betreffen. Zu ihnen zählen Puffer, Multiplexer, Demulti-plexer und Farmer-Worker-Prozeßstrukturen (process farming). Ferner wird das Beispiel der speisenden Philosophen aufgegriffen, und es wird eine parallele Version des Siebverfahrens nach Eratothenes beschrieben.

2.10.1 Puffer

Aufgrund der synchronen Kommunikation sind die beiden Prozese in

```
CHAN OF INT data.stream:
PAR
    producer(data.stream)
    consumer(data.stream)
```

eng gekoppelt: Geschwindigkeitsunterschiede im Hinblick auf die Erzeugung resp. Verarbeitung von Daten haben für die Prozesse Wartezeiten zur Folge. Eine Entzerrung kann mit Hilfe eines zwischengeschalteten Puffers erreicht werden:

```
CHAN OF INT data.from, data.to:
PAR
    producer(data.from)
    buffer(data.from, data.to)
    consumer(data.to)                    wobei

PROC buffer(CHAN OF INT source, sink)
  WHILE TRUE
   INT local:
  SEQ
     source?local
       sink!local:
```

Die beschriebene Lösung ermöglicht es dem Produzenten, ein erzeugtes Datum im Puffer zwischenzuspeichern. Soll ein erweiterter Vorlauf des Produzenten ermöglicht werden, dann ist die Kapazität des Puffers entsprechend zu erhöhen:

```
[no.of.buffs+1] CHAN OF INT data.stream:
PAR
    producer(data.stream[0])
  PAR index=0 FOR no.of.buffs
      buffer(data.stream[index], data.stream[index+1])
    consumer(data.stream[no.of.buffs])
```

Programm 1: Puffer-Prozeß zur Entkopplung der Kommunikation

Die vom Produzenten erzeugten Daten werden von den Pufferelementen übernommen und an das nächstfolgende weitergereicht. Übertrifft die Arbeitsgeschwindigkeit des Produzenten die des Konsumenten, dann sammeln sich die Daten i.a. im "unteren" Bereich der Pufferkette solange, bis die Kapazität der Puffer erschöpft wird und der Produzent blockiert wird.

2.10.2 Synchronisieren ohne Daten

Die Kanaloperationen dienen in erster Linie zum Tranfer von Daten zwischen kooperierenden Prozessen. Im Spezialfall sind lediglich die mit einer Kommunikation verbundene Synchronisation von Interesse. In Situationen dieser Art lassen sich Protokolle

```
PROTOCOL Signal
  CASE signal
```

verwenden. Für Kanäle CHAN OF Signal hs: sind die Operationen hs!signal zum Versenden und hs?CASE signal zum Empfangen von Signalen erlaubt. Der selektive Auswahlmechanismus der ALT-Prozesse und das blockierende Verhalten der Kanalkommunikationen erlauben die Implementation von Semaphoren:

```
PROC binary.semaphore([]CHAN OF Signal handshake)
  WHILE TRUE
    ALT i=0 FOR SIZE handshake
      handshake[i]?CASE signal
        handshake[i]?CASE signal
```

Für
```
[no.of.users]CHAN OF Signal handshake:
PAR
  PAR i=0 FOR no.of.users
    WHILE TRUE
      SEQ
        ...
        handshake[i]!signal          -- Eintrittsprotokoll
          ...                    -- kritische Sektion
        handshake[i]!signal          -- Austrittsprotokoll
        ...
  binary.semaphore(handshake)
```

Programm 2: Mehrseitige Synchronisation mit Hilfe von Signalen und einem Semaphorprozeß

ist garantiert, daß stets für höchstens einen Benutzerprozeß der Signalaustausch mit dem Semaphorprozeß gelingt und der Zutritt zur kritischen Sektion ermöglicht wird. Das Austrittsprotokoll und die Kanaleingabe in den Alternativprozessen des

Semaphors bewirken eine Suspendierung des Semaphorprozesses bis zu dem Moment, in dem Benutzerprozesse ihre jeweilige kritische Sektion wieder verlassen. Signale lassen sich zur Beschreibung von Terminierungsbedingungen heranziehen:

```
Sei   PROTOCOL Int.stream
        CASE
            another.int;INT
            no.more.ints

      PROC send(CHAN OF Int.stream c)
        SEQ
          WHILE ...
            SEQ
              ...
              c!another.int;i
          c!no.more.ints

      PROC receive(CHAN OF Int.straem c)
        BOOL more:
        SEQ
          more:=TRUE
          WHILE more
            c?CASE
              INT x:
                another.int;x
                ...
              no.more.ints
                more:=FALSE
```

Programm 3: Terminierung mit Hilfe von Signalen

Speisende Philosophen

Zur Modellierung der "Speisenden Philosophen" wird für jedes Eßstäbchen und jeden Philosophen ein konkurrenter Prozeß phil(i) resp. fork(i) für i=0,..,4 vorgesehen. Parallel hierzu läuft ein weiterer Prozeß table, mit dessen Hilfe erreicht wird, daß stets höchstens vier Philosophen zum Essen zugelassen werden. Die Synchronisation der elf Prozesse erfolgt mit Hilfe von Signalen, die von Philosophenprozessen ausgelöst und von Stäbchenprozessen oder dem Table-Prozeß empfangen werden. Im folgenden Protokoll dienen enter, exit als Signale für den Table-Prozeß und pickup, putdown für Stäbchenprozesse.

```
PROTOCOL Signal
  CASE
      enter
      exit
      pickup
      putdown :
```

Ferner werden Kanäle

```
[10]CHAN OF Signal phils:
[5]  CHAN OF Signal tabs:
```

benötigt, mit deren Hilfe die Kommunikationsstruktur aufgebaut werden kann:

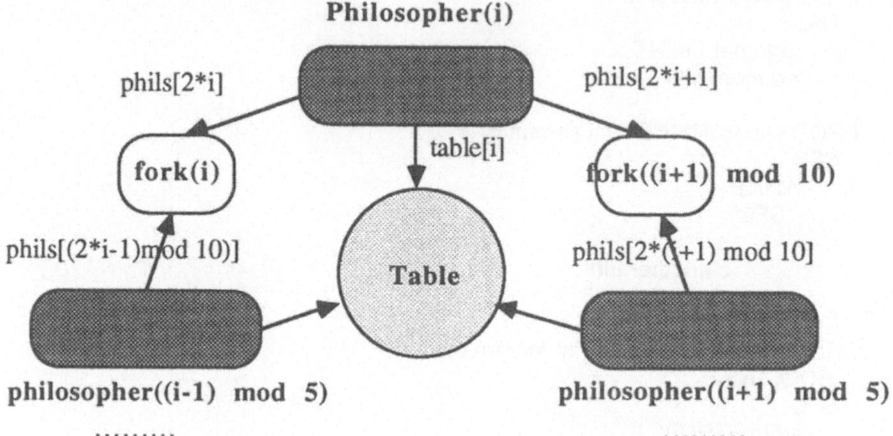

Bild 3: Prozeßgraph "Speisende Philosophen"

In Occam-Notation ergibt sich:

```
PAR
   table(tabs)
  PAR i=0 FOR 5
         philosopher(i,tabs[i],phils[2*i],phils[2*i+1])
  PAR j=0 FOR 5
        fork(j,phils[2*j],phils[(2*j-1)  mod  10])
```

Programm 4a: Speisende Philosophen in Occam-Notation

```
PROC philosopher(INT i, CHAN OF Signal tab,left,right)
  WHILE TRUE
    SEQ
       ....              -- thinking
       tab!enter
       left!pickup
       right!pickup
       ....              -- eating
       right!putdown
       left!putdown
       tab!exit
```

Programm 4b: Philosophenprozeß zu "Speisende Philosophen"

In der Prozedur philosopher dient ein While-Prozeß zur Beschreibung des zyklischen Verhaltens der Philosophen. Der Prozeßkörper besteht aus einer Sequenz von Kanalausgaben, die sich an den Table-Prozeß und an die Stäbchenprozesse richten. Eine erfolgreiche Kommunikation entspricht der Tatsache, daß ein Übergang von einer Denk- in eine Essensphase ermöglicht wird resp. das i-te- oder i+1-te Stäbchen aufgenommen werden darf.

Deadlocksituationen werden mit Hilfe des Table-Prozesses vermieden. Der Prozeß garantiert, daß stets höchstens vier Philosophen am Wettbewerb um die benötigten Stäbchen teilnehmen dürfen:

```
PROC table([5]CHAN OF Signal phs)
  INT occ:
  SEQ
    occ:=0
    WHILE TRUE
      ALT
        ALT i=0 FOR 5
          occ<4 & phs[i]?CASE enter
            occ:=occ+1
        ALT i=0 FOR 5
          occ≤4 & phs[i]?CASE exit
            occ:=occ-1
```

Programm 4c: Table-Prozeß zu "Speisende Philosophen"

Die selektive Auswahl und das blockierende Verhalten der Kommunikationskommandos in table garantieren, daß stets höchstens ein Philosophenprozeß entweder in eine Essens- oder eine Denkphase eintreten kann. Dies sichert den gegenseitigen Ausschluß der für occ vorgesehenen Operationen. Der in den Guards vorkommende Test occ<4 resp. occ≤4 garantiert weiter, daß stets höchstens vier Philosophen am Wettbewerb um die Eßstäbchen teilnehmen dürfen. Die Aufforderung zur Teilnahme am Essen eines fünften Philosophen wird abgeblockt. In dieser Situation sind alle Guards unzutreffend.

Das i-te Stäbchen ist sowohl dem i-ten wie dem (i-1)-ten Philosophen zugänglich Der Fork-Prozeß berücksichtigt dies, indem der Zugriff für beide Philosophen lediglich im gegenseitigen Ausschluß ermöglicht wird. Die Kanaleingabe from.right?CASE putdown resp. from.left?CASE putdown der jeweils gewählten Alternative bewirkt eine Suspendierung des i-ten Fork-Prozesses bis zu dem Moment, in dem der zugehörige i-te- oder (i-1)-te Philosoph das Stäbchen nach einer Essenphase zurückgibt. In diesem Moment wird fork wieder freigegeben und kann weiteren Anforderungen an eins der beiden Stäbchen nachkommen.

```
PROC fork(INT i, CHAN OF Signal from.righ,from.left)
  WHILE TRUE
    ALT
       from.right?CASE pickup
         from.right?CASE putdown
      from.left?CASE pickup
         from.left?CASE purtdown
```

Programm 4d: Stäbchen-Prozeß zu "Speisende Philosophen"

2.10.3 Pipelining

Läßt sich eine Aufgabe A in Teilaufgaben $A_1,..,A_n$ in einer Weise zerlegen, daß die Ausführung von A der Hintereinanderausführung der A_i, für i=1,...,n entspricht, dann läßt sich eine Pipeline aus Lösungsverfahren für die A_i aufbauen.

Sieb des Eratosthenes

Die Berechnung von Primzahlen bis z.Bsp. zur Obergrenze 10.000 kann so erfolgen: man siebt aus der Menge $\{n | 2 \leq n \leq 10.000\}$ alle Zahlen aus, die Vielfache der Primzahlen 2, 3 etc. sind. Das Verfahren sichert, daß nach jedem Siebvorgang die im Sieb verbliebene kleinste Zahl die Primzahl ist, die für den nächsten Siebevorgang zu verwenden ist.

(*) Das Verfahren kann terminieren, falls für die nächste Primzahl p im Sieb gilt: $p^2 \geq 10.000$. In diesem Fall enthält das Sieb nur noch Primzahlen $q \geq p$:

Für ein s im Sieb sei s keine Primzahl und s = q*r eine Zerlegung für eine Primzahl q mit q=min{q,r}, r>1. Man hat dann: $q^2 \leq s$. Aus $s < 10.000$, $p^2 \geq 10.000$ folgt $q^2 \leq s < 10.000 \leq p^2$. Dies liefert $q \leq p-1$, d.h. q ist kleinere Primzahl als p und s ist Vielfaches von q. Elemente mit dieser Eigenschaft sind aber zusammen mit q aus dem Sieb bereits eliminiert.

(**) Eine ähnliche Überlegung zeigt, daß für jede gewonnene Primzahl p lediglich Vielfache p*q mir $q \geq p$ zu betrachten sind. Vielfache p*q mit $q < p$ sind aufgrund von Siebvorgängen für kleinere Primzahlen als p aus dem Sieb bereits entfernt.

Eine Möglichkeit zur Parallelisierung besteht darin, eine Pipeline von Siebprozessen sieve(i) für $i \geq 1$ vorzusehen. Ein erster Prozeß head erzeugt das Sieb {2,3,5,7,9,..} und übergibt es in Form eines Stroms an den nachfolgenden Prozeß sieve(1). Dieser überliest die 2, akzeptiert die 3 und eliminiert alle Vielfachen von 3 aus dem nachfolgenden Strom von Zahlen. Die verbleibenden Elemente werden - angeführt von den bereits gefundenen Primzahlen 2, 3 - der Reihe nach an sieve(2) übergeben. Das

Verfahren sichert: Hat der Eingabestrom S_i für sieve(i) eine Mindestlänge $l_i \geq i+1$, dann ist das i+1-te empfangene Element die nächste erkannte Primzahl $p=p_{i+1}$ ("head" erkennt $p_1=2$, sieve(1) erkennt $p_2=3$ als Primzahl etc.), deren Vielfache aus dem nachfolgenden Strom eliminiert werden müssen. Aufgrund von (**) genügt es dabei, Vielfache q*p mit $q \geq p$ zu betrachten. Die bei diesem Vorgang verbleibenden Elemente werden der Reihe nach an die folgende Stufe der Pipeline übergeben. Aufgrund von (*) gibt es ein r, $1 \leq r \leq 99$ mit: S_r besteht nur noch aus Primzahlen, und es gilt $l_r \geq r$. Dies erlaubt eine Beschränkung der Pipeline auf die 100 Siebprozesse head, sieve(i) für i=1,..,99 und hat zur Folge: $S_r=S_q$ für alle $q \geq r$. Gibt es q mit $l_q<q+1$, dann ist gesichert: q>r und $S_q=S_r$. Der Siebprozeß sieve(q) hat dann lediglich die Aufgabe, die angelieferten Elemente an die nächste Pipelinestufe weiterzugeben. Zusätzlich wird noch ein Prozeß tail benötigt, der die von sieve(99) erzeugten Primzahlen in einem Feld zusammenfaßt und z.Bsp. einem Druckerprozeß zur Verfügung stellt.

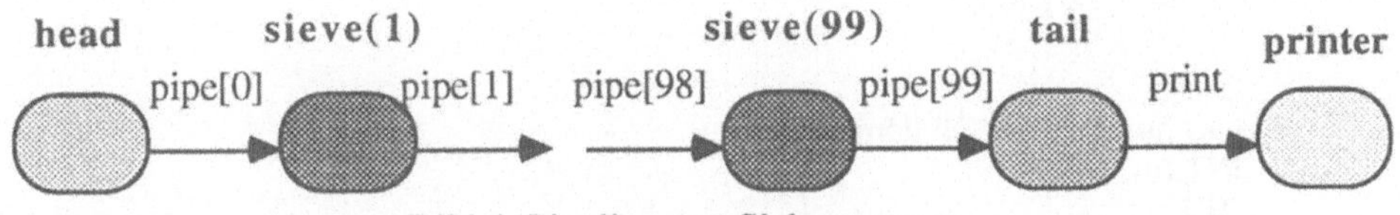

Bild 4: Pipeline von Siebprozessen

```
PROTOCOL Items
  CASE
      another.int;INT
      no.more.ints

PROTOCOL Field IS INT::[]INT

VAL pipe.length IS 99:
VAL no.of.primes IS 300:

PROC sieve(INT i , CHAN OF Items in,out)
    INT p,mp,m,j:
  BOOL more:
  SEQ
      j:=0
     more:=TRUE
      WHILE (more AND j≤i)
       SEQ
          in?CASE
               another.int; p
                   out! another.int; p
               no.more.ints
                  more:=FALSE
         j:=j+1
    IF
      more
```

```
          mp:=p*p
      TRUE
          SKIP
    WHILE more
      SEQ
        ALT
          in?CASE
              another.int ; m
                SEQ
                  WHILE m>mp
                    mp:=mp+p
                  IF
                    m=mp
                      SKIP
                    m<mp
                      out!another.int ; m
              no.more.ints
                more:=FALSE
    out!no.more.ints


PROC head(CHAN OF Items out)
  INT n:
  SEQ
    out!another.int ; 2
    n:=3
    WHILE n<10000
      SEQ
        out!another.int ; n
        n:=n+2
    out!no.more.ints


PROC tail(CHAN OF Items in, CHAN OF Field out)
  INT p, index:
  BOOL going:
  [no.of.primes]INT  primes:
  SEQ
    going:=TRUE
    index:=0
    WHILE going
      ALT
        in?CASE
          another.int ; p
            SEQ
              primes[index]:=p
              index:=index+1
          no.more.ints
            SEQ
              out!index::primes
              going:=FALSE
    print!no.more.ints
```

```
[pipe.length]CHAN OF Items pipe:
CHAN OF Field print:
PAR
    head(pipe[0])
  PAR i=0 FOR pipe.length
        sieve(i+1,pipe[i],pipe[i+1])
    tail(pipe[pipe.length],print)
    printer(print)
```

Programm 5: Siebverfahren nach Eratothenes

Abgesehen von head nehmen die Siebprozesse sieve(i) für i=1,..,99 in der Pipeline ihre Arbeit in dem Moment auf, in dem vom Vorgängerprozeß die erste Zahl an die Variable p übergeben wird. Die Terminierung der Prozesse wird mit Hilfe des in Items definierten Signals no.more.ints beschrieben. Das Signal wird unmittelbar vor Terminierung eines Prozesses an den nächsten weitergereicht.

Die Siebprozesse lassen sich unter einer bestimmten Voraussetzung weiter parallelisieren, indem die einzelnen Siebschritte nach dem folgenden Schema parallel durchgeführt werden:

```
FOR EACH element m from sieve(i-1) DO IN PARALLEL
  SEQ
    WHILE m>mp
      mp:=mp+p
    IF
      m=mp
        SKIP
      m<mp
        pipe[...]!another.int ; m
```

Eine Präzisierung dieser Idee in Occam läuft auf eine Verfeinerung hinaus, bei der Siebprozesse durch parallele Prozesse zu ersetzen ist, von denen jeder die im Schema angegebene Teilaufgabe wahrzunehmen hat. Die skizzierte Parallelisierung setzt voraus, daß die Elemente m des von sieve(i-1) gelieferten Stroms verfügbar sind und Zugriffe parallel erfolgen können. Dies kann durch den sequentiellen Kommunikationsmechanismus auf der Grundlage eines Kanals nicht gewährleistet werden.

2.10.4 Multiplexer, Demultiplexer

Unter einem Multiplexer wird ein zyklischer Prozeß verstanden, der parallel zu Produzent- und Konsumentprozessen läuft und stets höchstens einen von n Eingabekanälen auf einen Ausgabekanal schaltet. Das Gegenstück hierzu ist der

Demultiplexer, d.h. ein zyklischer Prozeß, der mit Hilfe eines Auswahlkanals einen Eingabekanal auf genau einen der Ausgabekanäle schaltet.

Multiplexer

Für Multiplexer sind zwei Aspekte wichtig: (i) Auswahlart (ii) Terminierung. Im Hinblick auf (ii) muß gesichert sein, daß nach Terminierung des Multiplexers keine weiteren Nachrichten über Eingabekanäle angeboten werden. Dies kann erreicht werden, indem alle angeschlossenen Prozesse Terminierungssignale senden und der Multiplexer seinerseits seine Terminierung signalisiert und dann terminiert. Für die folgenden Beispiele sei als Protokoll angenommen:

```
PROTOCOL Comm
 CASE
   values;INT
   signal
```

Wird zur Programmierung von (i) unmittelbar ein ALT-Konstrukt herangezogen, dann erfolgt die Auswahl nichtdeterministisch und kann vom Anwender nicht beeinflußt werden. Eine deterministische Auswahl kann z.B. auf der Grundlage eines PRI ALT's erfolgen, oder indem durch zusätzliche Maßnahmen während der Laufzeit z.B. mit Hilfe des jeweils zuletzt bedienten Eingabekanals festgelegt wird, welche Kanäle bei der nächsten Auswahl unberücksichtigt bleiben sollen. Für den in der folgenden Prozedur beschriebenen nichtdeterministischen Multiplexer seien n Sendeprozesse und ein Empfängerprozeß angenommen. Diese Prozesse laufen parallel zum Multiplexer und benutzen zur Kommunikation das Protokoll Comm :

```
PROC non.det.mux([n]CHAN OF Comm in,CHAN OF Comm out)
   INT no.of.non.term:
   [n]BOOL not.term:
   BOOL term.not.poss:
  SEQ
      no.of.non.term:=n
     SEQ i=0 FOR n
         not.term[i]:=TRUE
      term.not.poss:=0<no.of.non.term
     WHILE term.not.poss
       ALT i=0 FOR n
          INT val:
         ALT
               not.term[i] & in[i]?CASE
                signal
                  SEQ
                        no.of.non.term:=no.of.non.term-1
                       not.term[i]:=FALSE
                       term.not.poss:=0<no.of.non.term
```

```
                    not.term[i] & in[i]?CASE valus;val
                      out!values;val
        out!signal
```

Programm 6: Nichtdeterministischer Multiplexer

Stehen der Senderseite mehrere Konsumenten gegenüber, die über einen Demultiplexer mit dem Multiplexerausgang verbunden sind, dann kann im Multiplexer ein Merkmal - z.B. in Form eines Index - des jeweiligen Senders zur Nachricht hinzugefügt und im Demultiplexer zur Auswahl des Empfängers genutzt werden. Für diese Zwecke werde das Comm-Protokoll um einen INT-Typ zur Beschreibung des jeweiligen Senders erweitert: values; INT; INT, und das modifizierte Protokoll werde mit Id.Comm bezeichnet.

Zur Anpassung des Programms ist der zweite Parameter im Kopf von non.det.mux zu ersetzen durch CHAN OF Id.Comm out, und die vorletzte Zeile ist gegen out!values;i;val auszutauschen.

Demultiplexer

Wie beim Multiplexer werden Signale zur Terminierung des Demultiplexers und für die angeschlossenen Konsumenten zur Beschreibung der Tatsache verwendet, daß keine weiteren Daten zu erwarten sind und die Prozesse ihrerseits Terminierungssignale weitergeben und terminieren können.

```
PROC demux(CHAN OF Id.Comm in, [n]CHAN OF Comm out)
  BOOL not.term:
  SEQ
    not.term:=TRUE
    WHILE not.term
      INT val, index:
      ALT
        in?CASE
          signal
            not.term:=FALSE
          values; val; index
            SEQ
              IF
                (0≤index)&(index<n)
                  out[index]!val
                TRUE
                  SKIP
    PAR i=0 FOR n
      out[i]!signal
```

Programm 7: Demultiplexer

Der am Eingang in angeschlossenen Prozeß erzeugt eine Folge von Paaren, bestehend aus dem Wert der Nachricht und der Identifikation des Senders. Das abschließende Terminierungssignal wird an die Empfängerprozesse weitergereicht, und der Demultiplexer terminiert.
Ein Prozeßnetz, bestehend aus n Paaren eines Produzenten und Konsumenten und einem zwischengeschalteten Multiplexer und Demultiplexer, kann spezifiziert werden durch:

```
CHAN OF Id.comm link:
PAR
  [n]CHAN OF Comm in:
   PAR i=0 FOR n
      producer(in[i])
    non.det.mux(in,link)
  [n]CHAN OF Comm out:
  PAR
      demux(link,out)
    PAR i=0 FOR n
        consumer(out[i])
```

Programm 8: Durch Multiplexer und Demultiplexer vermittelte Kommunikation

Hierbei sei angenommen, daß Produzenten und Konsumenten durch Prozeduren beschrieben sind:

```
PROC producer(CHAN OF Comm out)

PROC consumer(CHAN OF Comm in)
```

Die Programme beschreiben einen korrekten Nachrichtenaustausch zwischen zusammengehörenden Produzent- und Konsumentprozessen, solange die Nachrichten den Multiplexer und Demultiplexer durchlaufen. Es treten Deadlocksituationen auf, falls ein Konsument eine an ihn gerichtete Nachricht nicht akzeptiert. Dies führt zur Blockierung des Demultiplexers, der weitere Nachrichten von Produzenten nicht weitergeben kann. Zur Vermeidung von Verklemmungen dieser Art muß gesichert sein, daß Konsumenten an sie gerichtete Nachrichten schließlich annehmen.

2.10.5 Farmer-Worker-Prozeßstruktur

Dem "Process-Farming" liegt die Vorstellung zugrunde, daß von Farmerprozessen Aufgaben generiert werden, die von Worker-Prozessen aufgegriffen und bearbeitet werden können. Die Einzelresultate werden vom Farmer übernommen und zum Gesamtergebnis zusammengesetzt. Diese Programmiertechnik ist z.B. für Situationen geeignet, in denen durch eine Partitionierung von Eingabedaten eine große Zahl unabhängiger Teilaufgaben für gleichartige Worker-Prozesse gewonnen werden kann. Ist das Gesamtergebnis von der Reihenfolge der erzeugten Einzelresultate unabhängig, dann kann zur Programmierung eine baumförmige Prozeßstruktur mit dem Farmer-Prozeß an der Wurzel und den Worker-Prozessen an den Blättern zugrunde gelegt werden:

```
PROTOCOL Tasks
  CASE
    new.task; INT; REAL64     -- Tasks durch Indizes und Realzahlen gegeben
    no.more.tasks              -- Signal zur Terminierung

PROTOCOL Results IS INT; REAL64:
[n]CHAN OF Tasks to.worker:
[n]CHAN OF Results from.worker:
[no.of.tasks]REAL64 tks:
[no.of.results]REAL64 rslts:
.......                        -- Berechnen von tks

PAR
    farmer(tks, to.worker, from.worker, rslts)
  PAR j=0 FOR n
        worker(to.worker[j], from.worker[j])
```

Programm 9a: Farmer-Worker-Prozeßstruktur

```
PROC worker(CHAN OF Tasks from.farmer, CHAN OF Results to.farmer)
  BOOL more:
  SEQ
    more:=TRUE
    WHILE more
      from.farmer?CASE
        INT i:
        REAL64 task, result:
        new.task; i; task
          SEQ
            result:="f(task)"  -- Bearbeitung der Task
            to.farmer! i; result
        no.more.tasks
          more:=FALSE
```

Programm 9b: Worker-Prozeß zur "Farmer-Worker-Prozeßstruktur"

Die Aufgabe des Farmer-Prozesses besteht darin, die jeweils anstehenden Aufgaben zu verteilen und die erzeugten Ergebnisse in Empfang zu nehmen:

```
PROC farmer(VAL []REAL64 tasks, [n]CHAN OF Tasks to.workers,
            [n]CHAN OF Results from.workers, []REAL64 results)
  SEQ
    PAR j=0 FOR n                              -- Ann.: n≤(SIZE tasks)
      to.workers[j]!new.task; j; tasks[j]      -- Verteilen von n tasks
    SEQ i=0 FOR (SIZE tasks)-n                 -- Verteilen weiterer
      ALT j=0 FOR n                            -- Tasks
        INT k:
          from.workers[j]? k; results[k]
            to.workers[j]!new.task; i; tasks[i]
    SEQ i=0 FOR n
      ALT j=0 FOR n
        INT k:
          from.workers[j]?k; results[k]        -- restliche n Ergebnisse
            to.workers[j]!no.more.tasks        --Terminieren
                                               -- signalisieren
```

Programm 9c: Farmer-Prozeß zur "Farmer-Worker-Prozeßstruktur"

Alternativ zum Beispiel lassen sich Farmen unterschiedlicher Prozeßtopologie bilden. Standardformen umfassen Pipelines,

```
PAR
      farmer(to.worker[0],from.worker[0])
  PAR i=0 FOR n
        worker(to.worker[i],from.worker[i],
               to.worker[i+1],from.worker[i+1])
```

Ring- oder Baumstrukturen, in denen Workerprozesse ihrerseits die Rolle von Farmern übernehmen können.

2.10.6 Sortieren

Algorithmen mit divide & conquer-Struktur eignen sich zur Parallelisierung, falls die rekursiv anfallenden Teilaufgaben unabhängig voneinander sind und die Teilergebnisse sich zu Zwischergebnissen und schließlich zum Gesamtergebnis zusammenfassen lassen. Ein Standardbeispiel besteht in der Aufgabe, eine Folge von Zahlen aufsteigend zu sortieren. Eine Lösungsstrategie kann darin bestehen, in rekursiver Weise je zwei Teilfolgen zu bilden, diese zu sortieren und die Ergebnisse zu einer sortierten Folge zu verschmelzen. Dieses Konzept führt zu einem binären Baum von Prozessen. Die den inneren Knoten zugeordneten Prozesse akzeptieren von ihrem Elternprozeß (zur Vereinheitlichung sei ein zusätzlicher Driver-Prozeß als Elternprozeß der Wurzel ausgenommem) einen Strom von Zahlen und zerlegen diesen in zwei etwa halblange Teilströme für die beiden nachliegenden Kinderprozesse. Die von den Kinderprozessen gelieferten sortierten Teilergebnisse werden in der zweiten

Phase vom Elternprozeß verschmolzen und weiter im Baum "nach oben" an übergeordnete Prozesse weitergereicht. Wird bei vorgegebener Tiefe t des Prozeßbaums die Länge l der Eingabeströme auf ld(l)≤t begrenzt, dann erhalten Blattprozesse schließlich höchstens je eine Zahl, die lediglich an untergeordnete Prozesse zurückgeschickt werden muß. Die Terminierung der Prozesse schließlich wird durch Signale ausgelöst, die zugleich das jeweilige Ende eines Stroms kennzeichnen.
Das Kommunikationsprotokoll hat ein Aussehen der Form:

```
PROTOCOL Int.stream
   another.int; INT
   no.more.ints
```

Im Programm werden einige Konstante benötigt:

```
VAL INT no.of.leaves        IS 1 << depth.of.tree:
VAL INT no.of.forks         IS no.of.leaves-1:
VAL INT no.of.processes     IS no.of.forks+no.of.leaves:
VAL INT no.of.channals      IS no.of.processes:
VAL INT root                IS 0:          -- Numerierung Breite zuerst
VAL INT first.fork          IS root:
VAL INT first.leaf          IS first.fork+no.of.forks:
```

Die Numerierung der Prozesse im Baum sei aufgrund eines Breite-zuerst-Durchlaufs vorgenommen: die Kindprozesse zum i-ten internen Prozeß erhalten die Prozeßnummer 2∗i+1 (linkes Kind) resp. 2∗i+2 (rechtes Kind); Numerierung, beginnend mit root=0. Dem entspricht die Prozeß- und Kommunikationsstruktur:

```
[no.of.channels]CHAN OF Int.stream up, down:
PAR
    driver(up[root], down[root])
   PAR i=first.fork FOR no.of.forks
      VAL INT first.born IS 2*i+1:
        fork(up[i],down[i],[down FROM first.born FOR 2],
                           [up   FROM first.born FOR 2])
   PAR i=first.leaf FOR no.of.leaves
        leaf(up[i],down[i])
```

Programm 10a: Sortieren eines Zahlenstroms

Die Kanäle in PROC fork (CHAN OF Int.stream to.parent, from.parent, [2]CHAN OF Int.stream to.children, from.children) dienen zur Kommunikation mit Eltern- resp. Kinderprozessen. Entsprechendes sei für PROC leaf (CHAN OF INT.stream from.parent, to.parent) und PROC driver (CHAN OF Int.stream up.tree, down.tree) angenommen.

Die folgende Fork-Prozedur umfaßt die beiden Teilaufgaben: a) Zerlegen und Verteilen eines Stroms von Zahlen und b) Verschmelzen zweier geordneter Sröme zu einem geordneten Strom von Zahlen:

```
PROC fork(CHAN OF Int.stream to.parent, from.parent
          [2]CHAN OF Int.stream to.children, from.children)
  SEQ
      fork.distribute(from.parent, to.children)
      fork.gather(to.parent, from.children)
```

Die vom Elternprozeß gelieferten Zahlen werden zur Verteilung abwechselnd an den linken und rechten Kindprozeß weitergereicht.

```
PROC fork.distribute(CHAN OF Int.stream from.parent,
                                   [2]CHAN OF Int.stream to.children)
  VAL INT left  IS 0:
  VAL INT right IS 1:
  INT child:
  BOOL more:
  SEQ
    child, more := left, TRUE
    WHILE more
      from.parent?CASE
        INT number:
         another.int; number
          SEQ
            to.children[child]!another.int;  number
            child := child >< (left >< right)
        no.more.ints
          more := FALSE
    PAR child = left FOR 2
        to.children[child]!no.more.ints
```

Programm 10b: Zerlegen eines Zahlenstroms

Zur Verschmelzung der von Kindprozessen gelieferten geordneten Zahlenfolgen ist zu unterscheiden: Sind von beiden Kindprozessen weitere Zahlen zu erwarten, dann sind die jeweils ersten beiden im Elternprozeß zu vergleichen, und es ist das Minimum beider an den übergeordneten Prozeß zu senden. Hat dagegen ein Kindprozeß terminiert, dann kann der vom anderen angelieferte Strom in unveränderter Form "nach oben" weitergereicht werden:

```
PROC fork.gather(CHAN OF Int.stream to.parent,
                 [2]CHAN OF Int.stream from.children)
  VAL INT left IS 0:
  VAL INT right IS 1:
  [2]BOOL more:
```

```
    [2]INT minimum:
  SEQ
    PAR child=left FOR 2
      from.children[child]?CASE
        another.int; minimum[child]
          more[child] := TRUE
        no.more.ints
          more[child] := FALSE
    WHILE more[left] OR more[right]
      IF child = left FOR 2
        VAL INT other IS child >< (left >< right):
        more[child] AND
          ((NOT more[other]) OR (minimum[child] <= minimum[other]))
        SEQ
          to.parent!another.int; minimum[child]
          from.children[child]?CASE
            another.int; minimum[child]
              SKIP
            no.more.ints
              more[child] := FALSE
    to.parent!no.more.ints
:
```

Programm 10c: Verschmelzen von Zahlenströmen

Blattprozesse empfangen höchstens eine Zahl, die lediglich an den Elternprozeß zurückzuschicken ist

```
PROC leaf(CHAN OF Int.stream from.parent, to.parent)
  SEQ
    from.parent?CASE
      INT number:
      another.int; number
        SEQ
          from.parent?CASE
            no.more.ints
              to.parent!another.int; number
      no.more.ints
        SKIP
    to.parent!no.more.ints
:
```

Programm 10d: Blattprozeß zu "Sortieren eines Zahlenstroms"

Die Aufgabe des Treiber-Prozesses besteht darin, einen Strom von Zahlen mit einer Länge l≤no.of.leaves und ein Abschlußsignal als Eingabe für den Wurzelprozeß zu erzeugen und die berechnete geordnete Folge zu akzeptieren und das Ergebnis darzustellen. Wir verzichten auf die Angabe eines Occam-Programms.

3 Transputer Development System

Das Transputer Development System TDS [INM 88b] unterstützt die Entwicklung, Konfiguration, Übersetzung und ermöglicht Testen, Laden und Starten von Occam-Programmen. Dementsprechend umfaßt TDS einen Compiler, Debugger, Folding-Editor, Lader und diverse Bibliotheken für die Ein-Ausgabe, für mathematische Funktionen etc. Weiter besteht die Möglichkeit, sog. Operating-Files zu erzeugen, mit deren Hilfe einzelne Transputer oder Netzwerke von Transputern gebootet werden können. Schließlich lassen sich noch sog. Stand-Alone-Programme generieren, die unabhängig von TDS laufen und die z.B. zur Ablage in EPROM's geeignet sind. Die TDS-Software wird in komprimierter Form geliefert, und nach Installation umfaßt das TDS2-Direktory des PC´s die Subdirectories:

\TDS2\SYSTEM	System- und Utility-Files
\TDS2\COMPLIBS	Compiler-Bibliotheken
\TDS2\TOOLS	Tools, z.B. Debugger
\TDS2\IOLIBS	Bibliotheken zur Ein-Ausgabe
\TDS2\MATHLIBS	Bibliotheken für mathematische Funktionen
\TDS2\TUTOR	Benutzer-Einführung
\TDS2\EXAMPLES	Programm-Beispiele
\TDS2\SERVER	Server Files

TDS läuft auf Transputer-Boards (vgl. Bild 1, Kap. IV), z.B. auf dem INMOS B004-Board mit Einschubanschlüssen für einen IBM AT/XT als Hostrechner.

3.1 Editorumgebung

Nach dem Start von TDS befindet sich der Benutzer in einer Editorumgebung, die Operationen zum Edieren, Übersetzen, Laden und Starten von Occam-Programmen zur Verfügung stellt.

Foldeditor

Der Foldeditor unterstützt die Entwicklung baumstrukturierter Objekte unter Verwendung sog. *Folds*. Eine Fold setzt sich dabei aus einer Titelzeile (fold header) und einem evtl. leeren Inhalt zusammen und kann mit dem Editor geöffnet oder geschlossen werden. Das Öffnen einer Folds entspricht dem Abstieg zu Folds der nächstniedrigen Baumstufe und das Schließen dem Hinaufsteigen auf die nächsthöhere Stufe zur direkten Vorgänger-Fold, sofern diese existiert. Geschlossene Folds werden auf dem Bildschirm lediglich durch ihre Titelzeile repräsentiert, so daß sich auch größere Programme übersichtlich darstellen lassen. Die Blätter einer Fold-

struktur entsprechen Textzeilen oder Datenfolds, die z.B. den Zielcode eines Occam-Programms aufnehmen.
Folds können nicht unmittelbar durch Editoren des Hostsystems manipuliert werden. Dies geschieht vielmehr implizit durch Operationen des Foldeditors. Alternativ hierzu besteht die Möglichkeit, spezielle Konvertierungs- und Kopierprogramme zu verwenden, mit deren Hilfe eine Bearbeitung von Folds außerhalb der TDS-Umgebung erfolgen kann.

Darstellung von Dokumenten
Zu jedem Zeitpunkt einer Sitzung ist der sog. *current view* des Editors durch eine Folge von Textzeilen, geöffneten oder geschlossenen Folds definiert, wobei die Ausgangssituation zu Beginn der Sitzung durch die Top-Level-Folds der aktuellen Directory gegeben ist.
Vier Zeilentypen werden unterschieden:

-	Textzeilen		
-	Top-Creases	{{{ oder {{{F	// F steht für "filed"
-	Bottom-Creases	}}} oder }}}F	
-	Fold-Zeile	... oder ...F	// geschlossene Fold

Top- und Bottom-Creases dienen zur Klammerung von Folds. Sie werden sichtbar, falls eine enter-fold- oder open-fold- Operation auf die betreffende Foldzeile angewendet wird.
Der Bildschirminhalt umfaßt eine erste Zeile zur Darstellung von Informationen über geladene Utilities u.ä., einen Ausschnitt (Fenster) des Current View und einen Cursor, dessen Position die laufende Zeile und laufende Zeichenposition beschreibt.

Editoroperationen
Die Editoroperationen erlauben u.a. Cursorbewegungen, Scrolling des Fensters, Browsing zum Durchlaufen der Foldstruktur, Erzeugen und Beseitigen von Folds, Bewegen, Weglassen und Kopieren von Zeilen, Einfügen und Weglassen von Zeichen, Definieren sog. Keystroke-Macros etc. Die Operationen werden durch Anschlagen von Funktionstasten oder von Tastenkombinationen ausgelöst, deren Zuordnung aus einer Tabelle hervorgeht, die mit Hilfe des Helpkommandos sichtbar gemacht werden kann.
Eine z.B. als Vorbereitung für die Compilation wichtige Operation ist das Filen und Unfilen von Folds, für das der Editor ein explizites Kommando zur Verfügung stellt. Durch Filen entstehen sog. *filed Folds*, die als eigene Datei im Filesystem des Hostrechners abgelegt werden. Der zugehörige Filebezeichner wird aus der Titelzeile

zusammen mit der Erweiterung (extension) TSR gebildet (text- and source-fold). Neben TSR gibt es weitere Extensions, von denen die wichtigsten sind:

- TOP top-level-files
- TCI configuration information
- DDS compiler descriptor
- DLK compiler linkage information
- DCD object code

Zusätzlich erzeugt das System u.a. die Files: TOPLEVEL.MOV, TOPLEVEL.PCK als Puffers für move-line- resp. pick-line- Operationen und TOPLEVEL.TKT für das Toolkit-Fold.

3.2 Übersetzen, Linken und Starten

Zur Übersetzung, Konfigurierung, zum Linken, Laden und Starten von Occam-Programmen sind die Werkzeuge des *Compiler Uitlity Set* in die TDS-Umgebung zu laden. Sie befinden sich im *Toolkit-Fold*, dessen Inhalt mit Hilfe von enter-fold sichtbar gemacht werden kann:

```
{{{F toolkit fold
... autoload
... tools
... library logical names
... make foldset parameters
... occam 2 product compiler parameters
... library compacter parameters
}}}
```

Die einzelnen Folds lassen sich öffnen. Autoload enthält:

```
{{{
...F CODE UTIL file handling utilities
...F CODE UTIL occam 2 compiler utilities
...F CODE EXE  occam 2 debugger
}}}
```

Die benötigten Utilities können mit Hilfe von get-code-Befehlen geladen werden. Alternativ hierzu besteht die Möglichkeit, den autoload-Befehl zu verwenden und dann die gewünschte Auswahl mit Hilfe von next-util- oder next-exe- Befehlen zu treffen. Das folgende Bild zeigt die möglichen Übergänge:

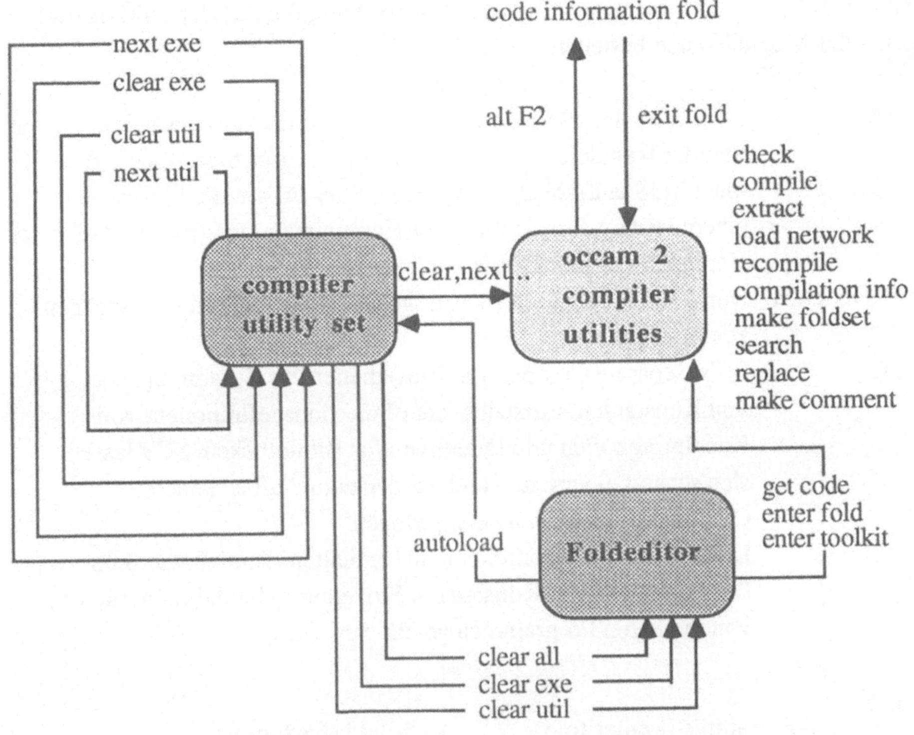

Bild 5: Occam2-Compiler Utility-Set

Für die jeweils geladene Utility ist in der Regel ein Satz einschlägiger Kommandos verfügbar, deren Beschreibung mit Hilfe von (alt F2) sichtbar gemacht werden kann. Nach Laden der Compiler-Utility-Set sind u.a. folgende Befehle definiert:

- check (alt 1)
- compile (alt 2)
- extract (alt 3)
- load network (alt 4)
- recompile (alt 5)
- compilation info (alt 6)
- make foldset (alt 7)

Vorbereitungen zur Übersetzung

Der Occam-Compiler erwartet als Eingabe eine sog. *Compilation-Fold*, welche das Programm in Form eines filed Fold enthält. Eine Compilation-Fold ist dabei eine spezielle *Foldset*, mit deren Hilfe sich mehrere Folds zusammenfassen lassen. Die Erzeugung erfolgt mit dem make-foldset-Kommando, bei dessen Ausführung der

Benutzer aufgefordert wird, einen Typ zur Beschreibung der Art der Foldset festzulegen. Fünf Möglichkeiten bestehen:

- EXE — unter TDS ausführbarer Occam-Prozeß mit Zugriffserlaubnis zu den Standardkanälen screen, keyboard, from.user.filer, to.user.filer
- UTIL — unter TDS lauffähige Utility. Ein Utility-Programm besteht aus einem Occam-Prozeß mit einer Kommunikationsstruktur, die i.a. im Vergleich zu einer EXE komplexer ist.
- PROGRAM — zum Lauf auf einem Netzwerk gedachtes Programm mit Angaben zur Konfiguration.
- SC — SC's (separate Compilation Unit) dienen zur Zusammenfassung von Konstanten, Prozedur- oder Funktionsdefinitionen, von Kanalprotokollen und Direktiven für Bibliotheken, SC's lassen sich separat übersetzen und werden zum Aufbau anderer Compilationseinheiten herangezogen.
- LIB — LIB's (library Compilation Unit) enthalten -ähnlich wie SC's- Deklarationen von Konstanten, Prozeduren, Funktionen, die i.a. von mehreren Programmen geteilt werden.

Beispiel:

```
...F example -- enter fold      -->  {{{F example
                                           #USE userio
                                           ...
                                     }}}
             -- exit fold       -->  ...F example
             -- make foldset    -->  ...EXE example
             -- enter fold      -->  {{{EXE example
                                     ...F example
                                     }}}
                                     {{{EXE example
             -- open fold -->         {{{F example
                                     #USE userio
                                     ...
                                     }}}
                                     }}}
```

Bibliotheken {{{LIB mylib ... }}} lassen sich in der Form mylib.tsr oder mit Hilfe der Direktive #USE logical.name unter Verwendung eines logischen Namens ansprechen. Die zweite Möglichkeit setzt voraus, daß der Name im Library Logical Names-Fold eine Zuordnung der Art {\Libdir\"mylib.tsr" HT4 logical.name enthält. Das Kürzel HT4 beschreibt dabei den Fehlermodus H (HALT) und den Prozessortyp T4. Für die Übersetzung einer Compilationseinheit kann der Fehlermode STOP, HALT oder REDUCED festgelegt werden. Ergibt sich im ersten Fall während des

Programmlaufs ein Fehler, dann verhält sich der laufende Prozeß wie STOP. Andere Prozesse werden zunächst weiter ausgewertet. Der HALT-Modus ist für die Programmentwicklung von Vorteil, zumal STOP bei dieser Modus-Wahl als Fehler angesehen wird; ein Fehler führt nämlich zum Anhalten des Gesamtprogramms, so daß unmittelbar danach Edieren möglich ist. Im REDUCED-Mode schließlich werden Laufzeitfehler ignoriert, und es ist kein spezifisches Programmverhalten im Fehlerfall vorgesehen.

Compiler Utilities

Nach Erzeugung einer Compilationsfold können die Compiler-Utilities angewendet werden. Zur Auswahl stehen die oben erwähnten Befehle. Mit Hilfe von check wird eine Analyse der kontextfreien Syntax und der statisch-semantischen Regeln durchgeführt, und mit compile werden darüber hinaus Folds zur Aufnahme

- des Zielcodes,
- von Informationen über den benötigten Workspace, den Codeumfang u.ä.,
- über den Linker (referierte Bibliotheken),
- den Debugger (Abbildung Zielcode - Quelltext) und den
- gelinkten und lauffähigen Code

erzeugt. Dieser kann im Fall einer EXE mit Hilfe von get-code geladen und durch Anwenden von run-exe gestartet werden.

<u>Beispiel</u>:

```
{{{EXE example                 {{{EXE example
...F example      ------>      ...F example              // source
}}}               compile      ...F code                 // target code
                               ...F descriptor           // workspace
                               ...F link
                               ...F debug
                               ...F CODE EXE example     // linked code
                               }}}
```

●

Compilation-info-Befehl

Die durch eine Übersetzung gewonnen Daten zum Code, Workspace u.ä. im Descriptor-Fold können mit dem Compilation-Info-Befehl eingesehen werden. Die Einzelheiten zum Umfang der Daten hängen von der Art der Compilation Foldset und von Parametern ab, die zur Steuerung der Übersetzung dienen und die im occam2 product compiler parameters-fold des Autoload-Foldset festgehalten sind und dort modifiziert werden können. Sie betreffen den Umfang der Analyse, die Auswahl von Bibliotheken, die von Prozessortypen und den oben erwähnten Fehlermodus.

3.3 Das Siebverfahren nach Eratosthenes

Die folgende Darstellung bezieht sich auf die in Abschnitt 2.10.3 angegebene Lösung des Siebverfahrens. Zur Strukturierung sieht die folgende Fold drei Bibliotheken und eine Fold für die Anwendung vor. Die Bibliotheken werden durch die USE-Direktive angesprochen und dienen zur Aufnahme von Abkürzungen und Protokoll-Definitionen, der Prozeduren sieve, head und tail und eines Interfaces für die Kommunikation zwischen der Anwendung und TDS.

```
{{{F  sieve.example.tsr
#USE header
#USE monitor
#USE problem
CHAN OF Field app.out:
PAR
    monitor(keyboard, screen, app.out)
   ... application
}}}
wobei "... application" für die folgende Fold steht:

{{{  application
[pipe.length]CHAN OF Items pipe:
PAR
    head(pipe[0])
   PAR i=0 FOR field.length
          sieve(i+1,pipe[i],  pipe[i+1])
        tail(pipe[pipe.length], app.out)
}}}
```

Programm 11a: Foldstruktur zum Primzahlprogramm

Im Unterschied zur Lösung aus 2.10.3 ist anstelle des Printer-Prozesses ein Monitor-Prozeß vorgesehen, der mit Hilfe der vordefinierten Kanäle "keyboard", "screen" die Verbindung zum Hostrechner herstellt.
Zur Zusammenfassung der Bibliotheken ist eine Fold namens Libraries vorgesehen:

```
{{{  Libraries
... F header.tsr
... F  problem.tsr
... F  monitor.tsr
}}}
```

Programm 11b: Fold für Bibliotheken

Header-Bibliothek

Die Header-Bibliothek enthält die Protokolle "Items" für die Kommunikation zwischen Siebprozessen und "Field" zur Übertragung des schließlich gewonnenen

Feldes von Primzahlen an den Monitor-Prozeß, die Abkürzung für die Länge der Pipeline und Occam-Adressen für die INMOS-Links:

```
VAL link0in   IS 4:
VAL link0out  IS 0:
VAL link2out  IS 2:
VAL link2in   IS 6:
```

Problem-Bibliothek

Die Problem-Bibliothek enthält die Prozeduren "head", sieve" und "tail" in Form von SC's.

```
                                      {{{ SC application PROC's
                                      {{{ F application PROC's
                                      #USE header
{{{ LIB                               ... PROC head
 ... library version                  ... PROC sieve
 ... SC application PROC's            ... PROC tail
}}}                                   }}}
                                      ... F code
                                      ... F descriptor
                                      ... ..........
                                      }}}
```

Programm 11c: SC für die Prozeduren sieve, head, tail

Monitor Bibliothek

Die Monitor-Bibliothek enthält Prozeduren für die Eingabe von der Tastatur und die Ausgabe auf den Bildschirm:

```
PROC monitor(CHAN OF INT keyboard, CHAN OF ANY screen,
             CHAN OF Field app.out)
  ... PROC keyboard.handler
  ... PROC screen.handler
  CHAN OF INT echo:
  PAR
      keyboard.handler(keyboard, echo)
      screen.handler(app.out, echo, screen)
:
}}}
```

Programm 11d: Monitor-Bibliothek

3.3.1 Das Siebverfahren als EXE

EXE-Programme haben die Struktur von Occam-Prozessen, als SEQ-Prozeß in übersetzter Form z. B.:

```
{{{ EXE name.tsr
{{{ F source.tsr
... declarations
SEQ
  ... program
}}}
... F code
... F descriptor
... F link
... F debug
... F CODE EXE name.tsr
}}}
```

Ein EXE-Prozeß wird innerhalb TDS wie eine Prozedur behandelt, deren Aufruf durch den runexe-Befehl ausgelöst wird. Die Aufrufparameter sind implizit durch die vordefinierten Kanäle zur Kommunikation zwischen TDS und dem Benutzerprogramm gegeben. Als Vorbereitung zur Übersetzung und zum Lauf des Programms ist ein Compilation-Fold mit EXE als Kennung zu generieren:

```
{{{ EXE sieve.example.tsr
... F sieve.example
}}}
```

Programm 11e: Primzahlprogramm als EXE

In dieser Form kann das Programm übersetzt, geladen und gestartet werden. TDS und die beschriebenen Prozesse laufen dann parallel auf dem Hosttransputer:

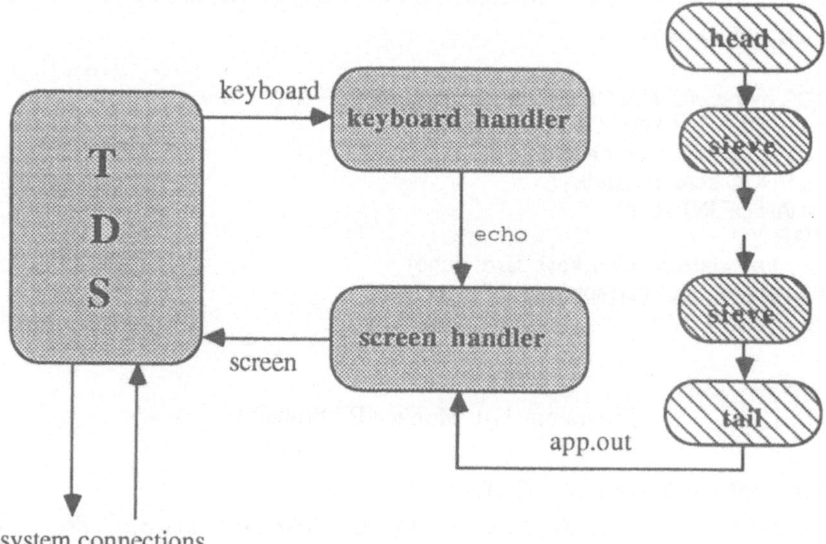

Bild 6: Siebverfahren als EXE

3.4 Konfigurieren und Laden

Die Konfiguration eines Programms betrifft Ergänzungen des Programmtextes, welche die Abbildung von Programmkonstrukten auf Hardware-Komponenten des Transputer-Netzes beschreiben. Für diese Zwecke ist eine PROGRAM-Foldset anzulegen, deren Aufbau konsistent mit der Topologie des Transputernetzes sein muß. Es wird erwartet, daß der für einen Transputer vorgesehene Code eine separate Übersetzung zuläßt (hierfür sind SC-Foldsets zu verwenden) und in Form einer Prozedur mit definierter Schnittstelle angelegt wird. Ferner muß im Hinblick auf den Ladevorgang und den Lauf des Programms gewährleistet sein, daß der für die Compilation vorgesehene Transputertyp mit dem Typ des Laufzeitprozessors übereinstimmt.

Die erwähnten Ergänzungen des Programmtextes betreffen die Zuordnung von Prozessen zu Prozessoren, die von Kanälen zu Kommunikationslinks und die von Variablen, Vektoren, Ports zu Adressen. TDS akzeptiert Konfiguration der Form:

```
<configuration>     ::=  <configuration level declarations>
                         <placedpar>
<placedpar>         ::=  PLACED PAR
                            {<placement>}
                         |PLACED PAR <replicator>
                            <placement>
<placement>         ::=  PROCESSOR <number><processor type>
                            <processor level declarations>
                            <instance>
```

Configuration-Level Deklarationen können umfassen:

- SC-Folds mit genau einer Prozedurdeklaration
- VAL-Definitionen von Konstanten
- Protokoll-Definitionen
- #USE-Direktiven für Bibliotheken, die lediglich Konstanten- oder Protokoll-Definitionen enthalten
- Deklaration von Kanälen zur Abbildung auf Links zwischen Prozessoren

Prozessor-Level Deklarationen dürfen umfassen:

- Allokierungen von Kanälen der Configuration-Level Deklaration auf Linkadressen
- Definition von Konstanten
- Deklaration von Variablen
- Allokierung von Variablen
- Abkürzungen und Retypisierungen von Variablen
- Deklaration interner Kanäle

TDS setzt Transputernetze voraus, für die eine Linkverbindung zwischen dem sog. Root-Transputer des Netzes mit dem Hosttransputer besteht. Die Abbildung der Konfiguration auf die Transputer-Topologie geht von der Konvention aus, daß die textuell erste PROCESSOR-Spezifikation für den Root-Transputer gedacht ist. Die weitere Abbildung ist durch die Allokierungen der externen Kanäle auf Transputerlinks und die Prozeduraufrufe innerhalb der PROCESSOR-Spezifikationen festgelegt. Die in der Syntax vorgesehene Prozessornummer hat keinen Einfluß auf die Allokierung, sie dient vielmehr zur Identifikation des Prozessors für Nachrichten, die von der TDS-Software an das Netz versendet werden. Die Typangabe (T8 für IMS T800, T4 für IMS T414, T2 für IMS T212 oder IMS M212) in PROCESSOR-Spezifikationen schließlich charakterisiert die Zielarchitektur und betrifft damit z.B. Konventionen zur Speicherbelegung, zum Laden u.ä.

Beispiel.:

Im folgenden Beispiel wird eine Abbildung von 8 Prozessen auf ebensoviele Prozessoren spezifiziert. Für den Root-Transputer ist ein pipe-end-Prozeß und für die restlichen Netztransputer je ein element-Prozeß vorgesehen. Zur Beschreibung von Transputerlinks dienen Occam-Adressen der den Ein- Ausgabekanälen eines Transputers standardmäßig zugeordneten Kanalnummern:

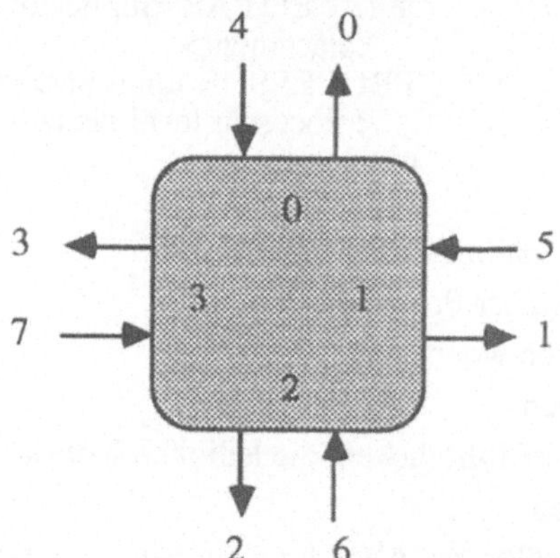

Bild 7: Occam-Adressen der Transputer-Links

```
{{{ PROGRAM pipeline
{{{ F source
... SC element(CHAN OF INT32 in, out)
... SC pipe.end(CHAN OF INT32 in, out )
VAL last IS 7:
VAL  input.links  IS  [5,7,6,7,5,7,6,7]:
VAL  output.links  IS  [0,2,1,1,0,2,1,1]:
[last+1]CHAN  OF  INT32  links:
PLACED PAR
  PROCESSOR 0 T4
        PLACE links[last] AT input.links[0]:
```

```
        PLACE links[0] AT output.links[0]:
          pipe.end(links[last], links[0],0)
PLACED PAR i=1 FOR last
   VAL in IS i-1:
   VAL out IS i :
  PROCESSOR i T4
        PLACE links[in] AT input.links[i]:
        PLACE links[out] AT output.links[i]:
          element(links[in], links[out],i)
}}}
}}}
```

Programm 12: Pipeline aus acht Prozessen als PROGRAM

Das compile-Kommando, angewendet auf eine PROGRAM-Compilation Foldset, analysiert den syntaktischen Aufbau und prüft insbesondere die Zulässigkeit der vorgesehenen Konfiguration. Ein Überblick über die Linkverbindungen der Topologie, die Reihenfolge, nach der Transputer im Netz gebootet werden und die Speicherabbildung jedes Prozessors kann mit Hilfe von compilation-info gewonnen werden. Mit extract lassen sich für übersetzte PROGRAM's Folds generieren, die den Zielcode in gelinkter Form zusammen mit den Informationen zum Laden des Netzwerks umfassen. Netzwerke schließlich werden geladen, indem der Befehl load network auf den extrahierten Code angewendet wird. Unmittelbar danach wird der Code ausgewertet.

3.4.1 Das Siebverfahren als PROGRAM

Für das Beispiel sei ein Netzwerk angenommen, das nur aus dem Root-Transputer besteht, dessen Link 0 mit Link 2 des Hosttransputers verbunden sei.

```
{{{ PROGRAM sieve.example1
{{{ F sieve.example1.tsr
#USE header
{{{ SC app.tsr
{{{ F app.tsr
#USE header
#USE problem
PROC application(CHAN OF Field out)
    [field.length+1]CHAN OF Items pipe:
  PAR
        head(pipe[0])
      PAR i=0 FOR string.length
              sieve(i+1,pipe[i], pipe[i+1])
      tail(pipe[pipe.length+1], out)
:
}}}
}}}
{{{ configuration
... link constants
CHAN OF ANY app.out:
```

```
PROCESSOR 0 T4
  PLACE app.out AT link0out:
    application(app.out)
}}}
}}}
}}}
```

Programm 13a: Das Siebverfahren als PROGRAM

Zur Vervollständigung des Beispiels wird ein Prozeß für den Hosttransputer benötigt, der die Kommunikation mit TDS vermittelt. Hierfür ist eine EXE anzulegen:

```
{{{ EXE monitor
{{{ F interface
#USE header
#USE monitor
CHAN OF Field app.out:
PLACE app.out AT link2in:
monitor(keyboard, screen, app.out)
}}}
}}}
```

Programm 13b: EXE-Monitor-Prozeß

Siebverfahren für vier Tranputer

Das folgende Bild 8 zeigt das Prinzip der Verteilung:

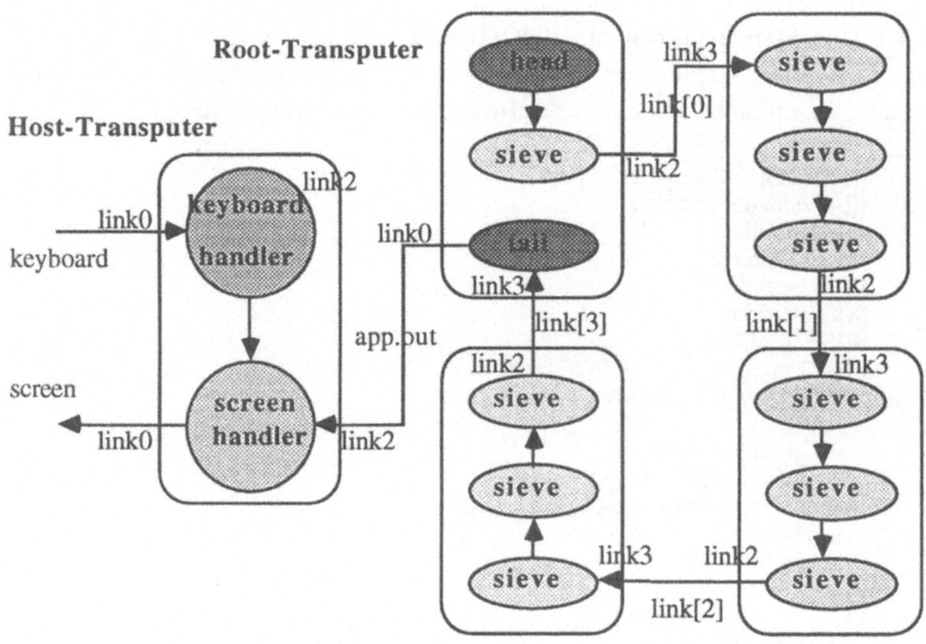

Bild 8: Verteilung der Siebpipeline auf vier Netztransputer

```
{{{ PROGRAM sieve.example2
{{{ F sieve.example2.tsr
#USE header
... SC PROC interface
... SC PROC worker
... link constants
VAL number.of.transputers IS 4:
... configuration
}}}
}}}
```

Programm 14a: Siebpipeline für vier Netztransputer

Interface für den Root-Transputer:

```
{{{ F PROC interface
#USE header
#USE problem
{{{ constants
VAL no.of.transp IS 4:
VAL no.of.elts IS string.length:
VAL elts.per.transp IS no.of.elts/no.of.transp:
VAL rem.elts IS no.of.transp-(elts.per.transp*no.of.transp):
}}}
PROC interface(CHAN OF Field to.host, CHAN OF Items to.pipe, from.pipe)
  VAL elts IS elts.per.trans+rem.elts:
  [elts]CHAN OF Items pipe:
  PRI PAR
    PAR
      head(pipe[0])
      sieve(elts,pipe[elts-1], to.pipe)
      tail(from.pipe, to.host)
    PAR i=0 FOR elts-1
      sieve(i+1,pipe[i], pipe[i+1])

}}}
```

Programm 14b: Interface-Prozeß

Worker für die Netztransputer (ohne Root-Transputer):

```
{{{ F PROC worker
#USE header
#USE problem
... extra constants
PROC worker(CHAN OF Items in, out)
  VAL elts IS elts.per.tranp:
  [elts]CHAN OF Items pipe:
  PRI PAR
    PAR
      sieve(in, pipe[0])
      sieve(pipe[elts-2], out)
    PAR i=0 FOR elts-2
      sieve(i+1,pipe[i], pipe[i+1])

}}}}
```

Programm 14c: Worker-Prozeß

Konfiguration

```
{{{ configuration
CHAN OF Field app.out:
[no.of.transp]CHAN OF letters link:
PLACED PAR
  PROCESSOR 0 T4
     PLACE app.out AT link0out:
      PLACE link[0] AT link2out:
       PLACE link[no.of.transp-1] AT link3in:
         interface(app.out, link[0], link[no.of.transp-1])
   PLACED PAR i=0 FOR no.of.transp-1)
    PROCESSOR i T4
         PLACE link[i-1] AT link3in:
        PLACE link[i] AT link2out:
            worker(link[i-1], link[i])
}}}
```

Programm 14d: Konfiguration

4 Transputer

Beim Transputer der englischen Firma INMOS handelt es sich um einen VLSI-Chip mit Merkmalen eines RISC-Prozessors, On-Chip-Speicher von 2-4 KByte, 2-4 serielle Linkinterfaces, einem Speicherinterface und ggf. zusätzlichen Komponenten wie eine Floating-Point-Einheit. Es gibt eine Reihe von Varianten, die sich im Hinblick auf die Wortlänge (16 Bit, 32 Bit), die Zahl der Links (2 oder 4), auf Interfaces für periphere Geräte, zusätzliche Hardwarefunktionen, die Speicherkapazität des On-Chip-Speichers und die Geschwindigkeit unterscheiden.
Der IMS T414 z.B. ist ein 32-Bit CMOS Mikrocomputer mit 2 KByte On-Chip-RAM, einem mikroprogrammierten 32-Bit RISC Prozessor, Floating-Point- und Process-Scheduling Microcode, 32-Bit Datenwegen, einem konfigurierbaren Speicherinterface zum Anschluß von 4 GByte DRAM, SRAM oder ROM, mit Prozessor-Reset, Bootstrap-Control, Error-Analysis und 4 seriellen, bidirektionalen Links.

Zu den weiter angebotenen Typen zählen:

- Der IMS T800 ist ein 32-Bit CMOS-Mikrocomputer mit einer 64-Bit Floating-Point-Einheit, Hardware zur Unterstützung von Graphikanwendungen und einer Leistung von 15 Mips bei 30 MHz. Der Chip enthält 4 KByte On-Chip-Speicher, ein konfigurierbares Speicherinterface und 4 serielle Links.
- Der IMS T801 entspricht dem T800, er verfügt über getrennte Daten- und Adreßbusse und gestattet schnellere Datenzugriffe.
- Der IMS T212 Transputer ist ein 16-Bit Mikrocomputer mit 2 KByte On-Chip-Speicher und 4 Links. Daten- und Adreßbus sind getrennt.
- IMS M212: Der Prozessor entspricht dem T212, verfügt aber anstelle von 2 Links über einen On-Chip-Disk-Controller, 2 INMOS Links.
- Der T222 entspricht dem 16-Bit T212 mit doppeltem On-Chip-Speicher von 4 KByte.

Weitere Varianten sind der T425 und T805.

Die derzeitige Transputertechnologie erlaubt den Aufbau verteilter Systeme, bestehend aus Transputern und einem Verbindungsnetzwerk, welches die Kommunikation zwischen den auf den Prozessoren ablaufenden Aktivitäten ermöglicht. Die aus dem Esprit 'SuperNode'-Projekt (1985) hervorgegangene SuperNode-Architektur [NiWa 88] von Parsys resp. Telemat z.B. ist eine rekonfigurierbare Transputer-Maschine mit bis zu 1000 Knotenrechnern und einem Verbindungsnetzwerk auf der Grundlage des C004. Der C004 VLSI-Chip von INMOS ist ein programmierbarer 32x32 Kommunikationsbaustein, mit dessen Hilfe jeder der 32 Link-Inputs mit jedem der 32 Link-Outputs verbunden, und der durch Kaskadierung zum Aufbau größerer Netzwerke herangezogen werden kann.

In diesem Zusammenhang sind weiter der Edinburgh Concurrent Supercomputer [Wal 89], die Victor-Systeme [Wil 89] und die Supercluster- [Küb 88] und Multicluster-Serien [Par 89] von Parsytec zu erwähnen. Der Edinburgh Concurrent Supercomputer umfaßt 400 Prozessoren und ist in Zusammenarbeit mit Meiko an der University of Edinburgh installiert. Das Victor Projekt wird seit 1986 bei IBM durchgeführt und hat zum Ziel, Erfahrungen im Bau von Multiprozessorsystemen (32, 256 Prozessoren) mit Verbindungsnetzwerken zum Austausch von Nachrichten zu gewinnen. Die Basiseinheit des Superclusters umfaßt 64 und die des Multiclusters 32 Transputer. Beide Rechner lassen sich aufstocken und zu 256er- resp. 64er Systeme ausbauen.

Der folgende Paragraph umfaßt eine Beschreibung der Transputerarchitektur. Einzelheiten über Verbindungsnetzwerke und ihrer Realisierung mit Hilfe des C004-Bausteins finden sich im Kapitel V.

4.1 Überblick

Transputer sind dadurch ausgezeichnet, daß für einzelne Transputer wie für Netzwerke von Transputern dieselben Programmiertechniken verwendbar sind. Die Programme unterscheiden sich im wesentlichen im Hinblick auf die Konfiguration, die auf eine vorliegende Topologie zugeschnitten ist. Für diese Zwecke verfügt der Transputer über Komponenten, welche die Implementation von Kanälen und nebenläufigen Prozessen weitgehend unterstützen.

Stellvertretend für die Transputerfamilie werden im folgenden Einzelheiten zum IMS T414 dargestellt. Der Grundaufbau des Prozessors ergibt sich aus dem nachfolgenden Blockdiagramm. Der Chip umfaßt einen 32-Bit von Neumann-Prozessor, der wie üblich die Auswertung sequentieller Prozesse erlaubt. Der schnelle ON-Chip-Speicher ermöglicht den Verzicht auf die für RISC-Architekturen charakteristischen umfangreichen Registerbänke. Die Links arbeiten nach dem DMA-Prinzip und gestatten den Anschluß von Linkverbindungen zwischen Transputern. Die Mehrzahl der Pins sind bei hohem Potential aktiv. Zur Unterscheidung werden für die anderen Bezeichnungen vorangestellte not verwendet. RnotW z.B. beschreibt, daß die durch W bezeichnete Funktion bei niedrigem Potential, die mit R gekennzeichnete Operation jedoch bei hohem Potential ausgelöst werden soll.

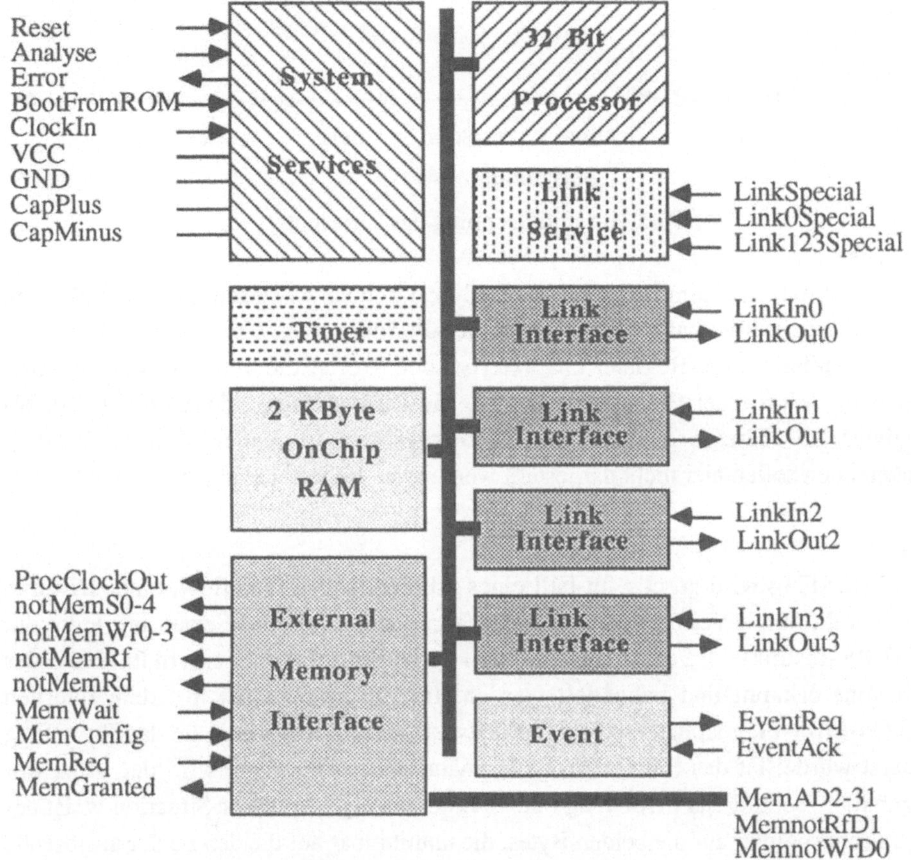

Bild 9 : IMS T414-Blockbild

4.2 System Services

Die "System Services" umfassen Komponenten zur Erzeugung der Steuersignale, zur Stromversorgung und Initialisierung.

Für Transputersysteme ist ein globaler Takt und damit eine einheitliche Zeit nicht praktikabel. Stattdessen wird eine Referenzfrequenz von 5 MHz für den ClockIn-Pin verwendet, aus der höhere Taktraten und Steuersignale abgeleitet werden können.

Reset

Zum Zurücksetzen des Transputers ist Reset hoch und Analyse tief zu setzen. Der Prozessor wird angehalten und mit der fallenden Reset-Flanke gestartet. Nach dem Start verstreichen zunächst 144 ClockIn-Perioden, bevor die Speicherkonfiguration vorgenommen und der Prozessor gebootet wird:

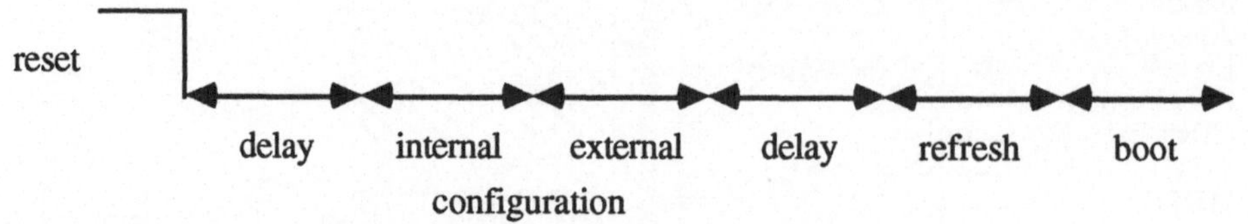

Bild 10 : Initialisierung des Transputers

Analyse

Zur Analyse nach einem Reset ist der Analyse-Pin hoch zu setzen. Dies bewirkt, daß der Transputer innerhalb von 3 Time-Slice-Perioden (ca. 3 ms) angehalten wird. Danach enthalten die Register charakteristische Werte, die von der Art des Starts abhängen. Wurde der Prozessor z.B. über ein Link gebootet, dann enthält das W-Register die Adresse des auf das Boot-Programm folgenden Wortes. Weitere Einzelheiten sollen hier nicht dargestellt werden; sie finden sich in [INM 88c][MTMB 90].

Error

Das Error-Flag wird gesetzt im Fall eines arithmetischen Overflow, einer Division durch Null, durch Verletzung von Feldgrenzen oder explizites Setzen mit Hilfe der SETERR-Instruktion. Fehler können intern durch Software oder extern mit Hilfe des Errorpins erkannt und behandelt werden. Im Zusammenspiel mit dem internen HaltOn-Error-Flag ist die Analyse der Instruktion möglich, durch die das Error-Flag gesetzt wurde. Ist das HaltOnError-Flag nämlich gesetzt, dann wird der Prozessor angehalten, sobald das Error-Flag einen Fehler anzeigt. In dieser Situation weist der Instruktionspointer auf die beiden Bytes, die unmittelbar auf die den Fehler auslösende Instruktion folgen.

4.3 Speicherinterface

Nach einem Reset und dem Delay von 144 ClockIn-Perioden (Bild 10) wird das Speicherinterface konfiguriert. Hierzu werden im Rahmen der zunächst ablaufenden internen Speicherkonfiguration die MemnotWrD0-, MemnotRfD1- und MemAD2-31-Pins daraufhin geprüft, ob einer von ihnen mit dem MemConfig-Pin verbunden ist. Im Erfolgsfall dient die dem betreffenden Pin zugeordnete Auswahlinformation zur Konfiguration. Zur Auswahl stehen ROM's, dynamische und statische RAM's unterschiedlicher Zykluszeiten. Ist keine interne Konfiguration vorgesehen, dann wird in den folgenden 36 Lesezyklen auf der Grundlage von Defaultregeln für den Speicherzugriff die im ROM abgelegte externe Speicherkonfiguration eingelesen und zur Konfiguration herangezogen. Nach Konfiguration des Speicherinterfaces erfolgen acht Refresh-Zyklen, um eventuell vorhandene dynamische RAM's zu initialisieren, und anschließend wird der Bootstrap abgewickelt.

4.4 Booten

Der Transputer kann alternativ über ein Link oder mit Hilfe eines ROM's gebootet werden. Ist BootFromRom hoch, dann wird die in der höchsten Adresse #7FFFFFFE des Externspeichers abgelegte Sprunginstruktion in den Adreßbereich eines ROM's geladen und ausgeführt. Der Prozessor befindet sich im Low-Priority-Zustand, und das W-Register verweist auf MemStart (Beginn des Speichers für Benutzerprogramme MemStart=#80000048, Bild 9). Ist der BootFromROM-Pin niedrig, dann erwartet der Transputer über ein Link die Ankunft eines Boot-Signals. Hat dieses *Kontrollbyte* einen Wert größer eins, dann beschreibt es die Anzahl der weiteren über das zuvor benutzte Link erwarteten Bytes. Diese werden ab MemStart im Speicher abgelegt und nach Empfang des letzten Bytes als Low-Priority-Programm interpretiert und ausgeführt. Der Speicherbereich unmittelbar oberhalb der einge-lesenen Bytes dient dabei als Workspace.

Peek und Poke

Hat das Kontrollbyte den Wert 0, dann werden 8 weitere Bytes erwartet, die als *Poke*-Operation interpretiert werden: die ersten 4 Bytes bilden die Adresse, unter der die restlichen 4 Bytes abgelegt werden. Hat das Kontrollbyte den Wert 1, dann ist eine *Peek*-Operation vorgesehen: Der Inhalt der hierdurch adressierten Zelle wird über die Ausgangsleitung desjenigen Links zurückgegeben, das zum Transfer des Kontrollbytes verwendet wurde.

4.5 Timer

Transputer verfügen über zwei Register Timer0, Timer1, die in festen Zeitabständen (*Periode*) inkrementiert werden, und deren Wert sich in zyklischer Weise wiederholt (*Zyklus*). Periode und Zyklus hängen von der Wortbreite und der Arbeitsfrequenz des Prozessors ab. Bei 20 MHz beträgt die Periode 64µs für Low-Priority- und 1µs für High-Priority-Prozesse. Der Timer-Zyklus hat bei 32-Bit-Transputern den Wert 2^{32}. Dies entspricht $72^1/_2$ Stunden für 64µs-Ticks und ca 1h 8min bei 1µs-Ticks. Die Werte der Timer-Register sind Occam-Programmen mit Hilfe von Timer-Kanälen und Kanaleingaben zugänglich. Während das Timer0- Register "Ticks" für High-Priority-Prozesse liefert, ist Timer1 für Low-Priority-Prozesse vorgesehen. Die Timer-Register werden weiter zur Implementation verzögerter Eingaben herangezogen. Ist die Auswertung eines Prozesses um eine im Programm festgelegte Mindestzeit zu verzögern, dann wird der betreffende Prozeß in eine der beiden Timer-Warteschlangen einsortiert, wobei die Auswahl von der Priorität des Prozesses abhängt. Als Sortierschlüssel zur Ordnung der Warteschlange dient dabei die Verzögerungszeit. Die Implementation wird durch Register TNextReg0, TPtrLoc0 resp. TNextReg1, TPtrLoc1 (Bild 11) für High- resp. Low-Priority-Prozesse und Komparatoren unterstützt, mit deren Hilfe Kopfelemente der verketteten Timerwarteschlangen, früheste Zeitpunkte zur Reaktivierung und aktuelle Zeiten der Timerregister verfügbar sind. Die Komparatoren ermöglichen Vergleiche des jeweiligen Timerstandes mit dem im TNextReg0- bzw. TNextReg1-Register befindlichen Wert. Ist die hierdurch gegebene Zeitspanne abgelaufen, dann wird der zugehörige Prozeß aus der Timerwarteschlange ausgekettet und an eine der beiden Warteschlangen für aktive Prozesse angehängt (die Auswahl hängt von der Priorität des jeweiligen Prozesses ab). In der folgenden Figur dient MinInt=MOSTNEG INT zur Kennzeichnung des Endes der Warteschlange.

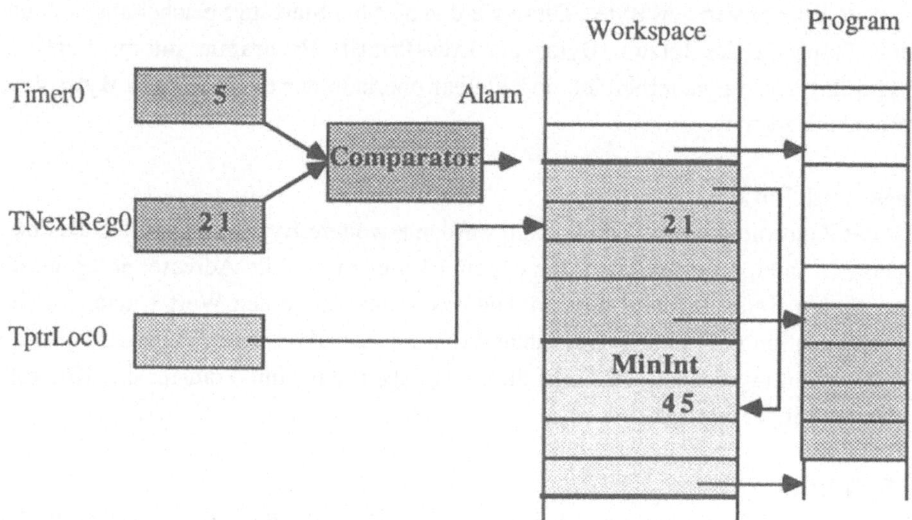

Bild 11: Timer-Warteschlange und Komparator

4.6 Links

Linkverbindungen zwischen je zwei Transputer-Komponenten bestehen aus zwei Leitungen zwischen den Link-Interfaces: der Link-Ausgang des einen wird mit dem Linkeingang des anderen verbunden. Die Interfaces eines Prozessors arbeiten unabhängig voneinander und unabhängig vom Prozessor. Sie realisieren zusammen mit den Drahtverbindungen einen *seriellen* Kanal, der eine *bidirektionale*, *synchronisierte* Kommunikation zwischen Transputerkomponenten ermöglicht. Jede der beiden Leitungen überträgt Daten- und Kontrollinformationen auf der Grundlage eines einfachen Handshaking-Protokolls. Dies sieht vor, daß Daten in Form einer Folge von Datenpaketen übertragen werden, wobei ein Datenpaket aus einem führenden Start-Bit (1-Bit), einem 1-Bit, den 8 Bits eines Bytes und einem Stop-Bit (0-Bit) gebildet wird.

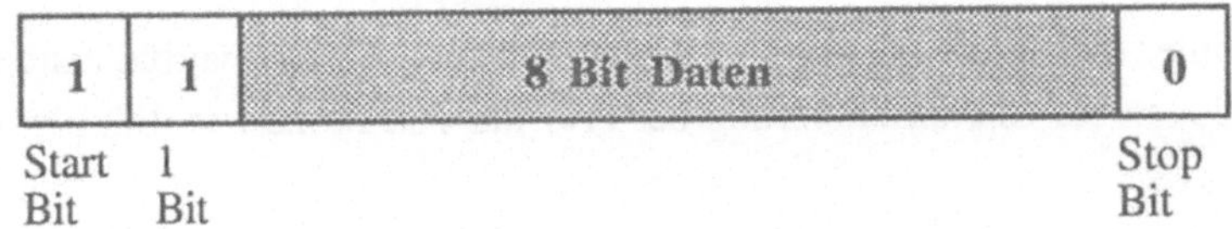

Bild 12: Datenpaket für Links

Für jedes abgeschickte Paket wird vom Sender als Rückantwort eine Quittung, bestehend aus einem 1-Bit, gefolgt von einem 0-Bit erwartet. Das Signal beschreibt dabei zweierlei:

- der Empfänger hat das Byte übernommen
- und er kann ein weiteres Byte empfangen und puffern.

Zur Steigerung der Geschwindigkeit ist für den T800 eine zeitliche Überlappung von Byte- und Quittungstransfers unter Verwendung beider Verbindungsleitungen vorgesehen: unmittelbar nach Identifikation eines Datenpakets anhand der beiden führenden 1-Bits wird das Quittierungssignal gebildet und abgeschickt. Der Sender empfängt das Signal, bevor das Datenpaket vollständig übertragen ist, und kann ein unmittelbar nachfolgendes Paket aufbauen und abschicken. Auf diese Weise entsteht ein kontinuierlicher Strom von Datenpaketen, die ohne Verzögerung gesendet werden. Im Vergleich zum T414, der diese Technik nicht verwendet, und der über eine Transfergeschwindigkeit von 0,8 MByte/sec verfügt, kann beim T800 eine Steigerung auf 1,8 MByte/sec erreicht werden. Die Transfergeschwindigkeiten lassen sich durch Konfiguration der Eingänge Link-Special, Link0Special und Link123Special modifizieren. Einzelheiten hierzu finden sich in [INM 88c]. Die Kanalkapazität beträgt wahlweise 5, 10 oder 20 Mbit/sec.
Zur Transformation des seriellen Linkprotokolls in das eines parallelen 8-Bit-Ports werden von INMOS Linkadapter angeboten, die den Anschluß z.B. peripherer Geräte ermöglichen. Der Austausch der für diese Zwecke benötigten Kontrollsignale kann über die EventReq- und EvenAck-Pins abgewickelt werden. Intern verfügt der Transputer über einen Hardkanal, der vom Interrupt-Handler zur Abwicklung der Kommunikation mit den Event-Pins genutzt werden kann.

4.7 Speicher

Der Speicher wird als lineare Folge von Bytes aufgefaßt, die zur Adressierung, beginnend mit der kleinsten negativen darstellbaren ganzen Zahl, aufsteigend durchnumeriert werden. In der Transputer-Terminologie wird von *Pointern* gesprochen. In dieser Funktion werden die oberen 30 Bits der 32 Bits eines Wortes zur Wort- und die restlichen zwei Bits zur Byteauswahl herangezogen. Im Unterschied zu Pointern werden Adressen im Workspace-Register als *Prozeß-Descriptoren* angesehen. Wie im

Fall der Pointer dienen die oberen 30 Bits zur Wortauswahl, die verbleibenden beiden Bits aber dienen zur Charakterisierung der Priorität von Prozessen (00: high-priority, 01 low-priority).

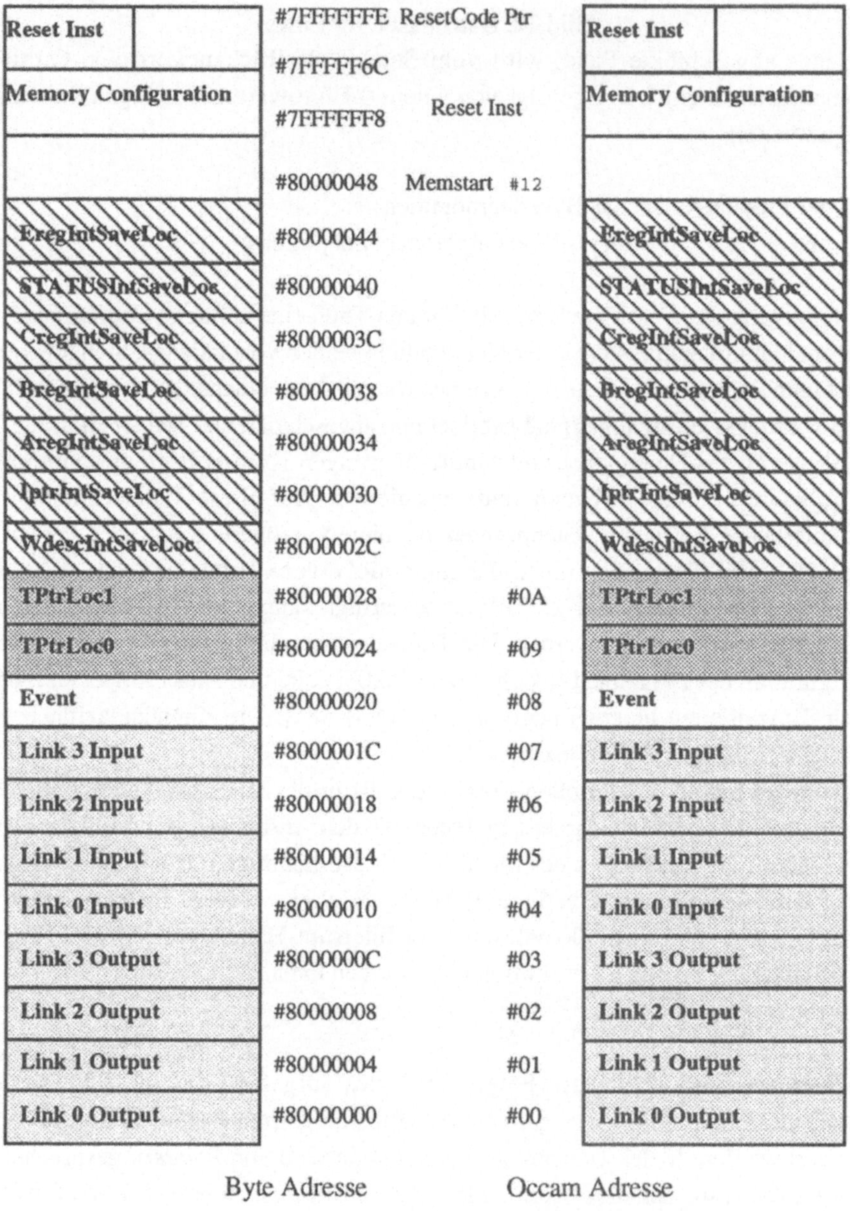

	Byte Adresse		Occam Adresse	
Reset Inst	#7FFFFFFE	ResetCode Ptr		Reset Inst
	#7FFFFF6C			
Memory Configuration	#7FFFFFF8	Reset Inst		Memory Configuration
	#80000048	Memstart	#12	
EregIntSaveLoc	#80000044			EregIntSaveLoc
STATUSIntSaveLoc	#80000040			STATUSIntSaveLoc
CregIntSaveLoc	#8000003C			CregIntSaveLoc
BregIntSaveLoc	#80000038			BregIntSaveLoc
AregIntSaveLoc	#80000034			AregIntSaveLoc
IptrIntSaveLoc	#80000030			IptrIntSaveLoc
WdescIntSaveLoc	#8000002C			WdescIntSaveLoc
TPtrLoc1	#80000028		#0A	TPtrLoc1
TPtrLoc0	#80000024		#09	TPtrLoc0
Event	#80000020		#08	Event
Link 3 Input	#8000001C		#07	Link 3 Input
Link 2 Input	#80000018		#06	Link 2 Input
Link 1 Input	#80000014		#05	Link 1 Input
Link 0 Input	#80000010		#04	Link 0 Input
Link 3 Output	#8000000C		#03	Link 3 Output
Link 2 Output	#80000008		#02	Link 2 Output
Link 1 Output	#80000004		#01	Link 1 Output
Link 0 Output	#80000000		#00	Link 0 Output

Start of external memory : #80000800 resp. #0200

Bild 13 : Speicheraufbau des INM T414

Das Bild 13 zeigt den Speicheraufbau des T414, die Abbildung der Kanalworte für die Links und die Occam-Adressierung (vgl. hierzu den in Abschnitt 2.9 angegebenen Zusammenhang zwischen Byte- und Occam-Adressen). Wird ein Low-Priority-Prozeß aufgrund eines Prozeßwechsels durch einen bevorrechtigten High-Priority-Prozeß verdrängt, dann werden das Error- und HaltOnError-Flag und die Registerinhalte unmittelbar unterhalb von MemStart in speziell dafür vorgesehenen Zellen gespeichert und von dort geladen, sobald die Bearbeitung des High-Priority-Prozesses abgeschlossen ist und der verdrängte Prozeß wieder gestartet wird.

4.8 Register

Der Prozessor verfügt über

- ein Workspace-Register W,
- Instruction-Register I,
- Operanden-Register O,
- einen Stack, bestehend aus den Registern A,B,C,
- vier Registern Fptr0, Fptr1, Bptr0, Bptr1,
- zwei Timer-Registern Timer0, Timer1,
- zwei Single-Bit-Flags Errror, HaltOnError und
- einige Worte des On-Chip-Speichers für spezielle Aufgaben

Die Register A,B,C bilden einen dreielementigen Stack mit A als Stacktop-Register. Der Stack dient u.a. zur Auswertung von Ausdrücken, zur Bereitstellung von Adressen, Operanden und Parametern für diverse Instruktionen. Aus diesem Grunde beziehen sich die arithmetischen, logischen und shift-Operationen implizit auf A, B oder C. Die Additionsoperation add z.B. bildet die Summe der durch A, B gegebenen Zahlen und legt das Resultat in A ab. Laden eines Wertes auf den Stack bewirkt, daß der Inhalt von A nach B und der von B nach C geshiftet wird.

Die statische Struktur von Occam erlaubt die Berechnung des zur Laufzeit für die einzelnen Prozesse benötigten Speichers, so daß bei Generierung eines Prozesses ein entsprechender Speicherbereich allokiert und als Workspace dieses Prozesses an die Liste der bereits angelegten Workspaces angekettet werden kann. Die Folge der jeweils definierten Workspaces ist als Stack organisiert, der mit fallenden Adressen wächst und der über das Workspace-Register adressiert wird. Das Register verweist dabei stets auf das unterste Workspace-Wort des zur Zeit laufenden Prozesses, so daß Laufzeitzellen zu lokalen Variablen durch nichtnegative Offsets beschrieben werden können.

Im folgenden Bild 14 ist der Prozeß S im Besitz des Prozessors, und die Prozesse P, Q, R bilden die Warteschlange der zur Zeit aktiven und zur Ausführung bereiten Low-

Level-Prozesse. Das Kopfelement P der Queue ist mit Hilfe des Registers FPtr1 und das letzte Element R durch BPtr1 zugänglich.

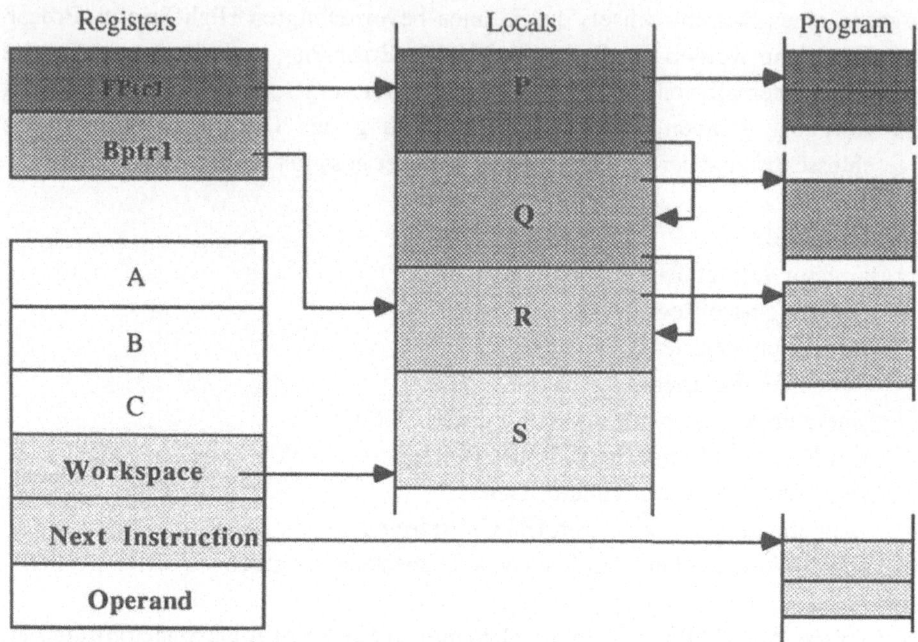

Bild 14 : Register und Warteschlange der Low-Level-Prozesse

Zusätzlich zu den Speicherworten ihrer Workspaces mit nichtnegativen Offsets nutzen Prozesse einige Zellen unterhalb der Workspace-Adresse für spezielle Zwecke:

- die Zelle mit dem Offset -1 dient zur Aufnahme des Programmzählers (Next Instruction), sobald dem Prozeß der Prozessor entzogen wird.
- die Zelle -2 wird zur Verkettung der aktiven und zur Ausführung bereiten Prozesse herangezogen
- die Zelle mit dem Offset -3 dient a) zur Adressierung der Daten (der Variablen), die vom Sender (Empfänger) aufgrund einer Kanalausgabe (Kanaleingabe) über einen internen Kanal gebildet (zur Aufnahme gesendeter Daten vorgesehen) sind und b) zur Beschreibung verschiedener Zustände, in denen sich die Auswertung von ALT's befinden können.
- die Zellen -4 und -5 werden bei der Auswertung von ALT's verwendet. Das Flag unter -4 beschreibt, daß die folgende Zelle -5 eine "gültige" Verzögerungszeit aufgrund einer verzögerte Eingabe als Guard enthält, und die Zelle -5 dient

zur Aufnahme von Zeitpunkten, die aufgrund verzögerter Eingaben in Guards auftreten. Hierbei wird dort der jeweils früheste Zeitpunkt registriert.

Prozeßverwaltung

Transputer verfügen über einen mikroprogrammierten Prozeßscheduler, der einen Multiprocessing-Betrieb ermöglicht. Zwei Prioritätsebenen werden unterschieden: high priority-low priority. Zur Beschreibung der jeweils definierten Prozesse und ihrer Zustände dienen für beide Prioritätsebenen zwei Warteschlangen (Bild 14) für die zur Auswertung bereiten und die aufgrund einer Zeitverzögerung (delayed input) blockierten Prozesse. In [INM 88c] werden aktive und inaktive Prozesse unterschieden. Ein Prozeß ist

(1) *activ*, falls er im Besitz des Prozessors ist, oder falls er in
(2) einer Liste der zur Auswertung bereiten Prozesse verkettet ist;
(3) er ist *inactiv*, falls er aufgrund einer Kanaloperation oder
(4) einer Zeitverzögerung blockiert ist.

Für die Prozesse (2), (4) sind Warteschlangen vorgesehen. Auf eine explizite Verkettung der Prozesse (3) kann verzichtet werden. Für Prozesse (3) enthält das *Kanalwort*, welches vom Compiler zur Beschreibung des Kanals allokiert wird, als Markierung die Workspace-Adresse des blockierten Prozesses. Mit Hilfe dieses Verweises kann, sobald der Partnerprozeß im Besitz des Prozessors ist, die Blockierung rückgängig gemacht werden, und der Prozeß kann an die für die Priorität des Prozesses angelegte Liste aktiver Prozesse angekettet werden.
Laufende Prozesse werden vom Scheduler ausgetauscht, falls dies aufgrund einer Kanaloperation oder einer verzögerten Timer-Eingabe notwendig ist, oder falls der laufende Prozeß ein Low-Priority-Prozeß ist, dessen Zeitscheibe von 5120 Zykeln der externen Referenzuhr (=1024µs) abgelaufen ist. Allerdings ist in dem letzten Fall ein Prozeßwechsel lediglich im Anschluß an die Ausführung spezieller Instruktionen (z.Bsp.: input message, jump, loop end etc.) möglich. Dies sichert z.B., daß die Auswertung von Ausdrücken nicht aufgrund einer abgelaufenen Zeitscheibe unterbrochen werden kann und hat weiter zur Folge, daß der Aufwand beim Prozeßwechsel vergleichsweise gering ist.

Next Instruction Register

Aufgrund der kompakten Darstellung der Instruktionen des Transputers durch ein Byte je Instruktion genügen zur Adressierung von Instruktionen Pointer im Next Instruction Register I. I übernimmt wie üblich die Rolle des Programmzählers: der in I abgelegte Pointer verweist stets auf das Byte im Speicher mit der nächsten auszuführenden Instruktion. Allerdings verfügt der Prozessor über zwei Prefetch-Pufferworte für acht Instruktionen, von denen jeweils vier in einem Speicherzugriff gelesen werden.

Operandenregister

Das Instruktionsformat (Bild 15) sieht die vier höherwertigen Bits im Instruktionsbyte zur Codierung der Instruktion und die restlichen vier Bits zur Darstellung von Operanden vor. Diese werden automatisch bei der Auswertung der Instruktion in die unteren vier Bits des Operandenregisters O geladen. Der weitere Aufbau von 32-Bit-Operanden in O kann mit Hilfe spezieller Prefix-Instruktionen erfolgen, deren Datenbits zur Ergänzung des Operandenregisters verwendet werden.

4.9 Instruktionen

Der Instruktionssatz des Transputers ist im Hinblick auf eine vereinfachte Übersetzung von Occam und im Hinblick auf eine effiziente VLSI-Implementation entwickelt worden. Für den T414 sind 100 Instruktionen vorgesehen, von denen

- 16 zur Adressierung und zum Speicherzugriff,
- 41 zur Implementation arithmetischer und logischer Operationen,
- 6 zur Verzweigung und Programmkontrolle,
- 12 zur Prozeßkontrolle und
- 16 zur Prozeßkommunikation und
- 9 für unterschiedliche Zwecke dienen.

Instruktionsformat

Für den Transputer ist zur Darstellung einer Instruktion ein Byte vorgesehen: die oberen vier Bits nehmen den Instruktionscode auf, und die restlichen vier Bits beschreiben Daten:

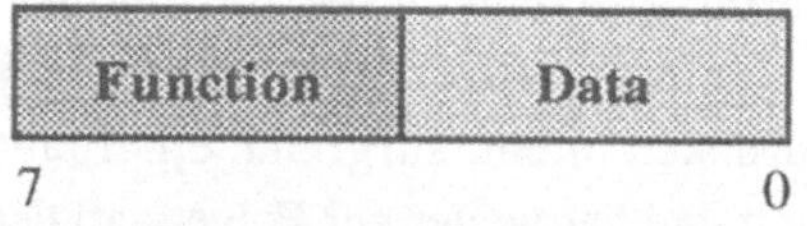

Bild 15: Instruktionsformat

Diese kompakte Darstellung ermöglicht eine effiziente Decodierung und ist von der Wortlänge des Transputertyps unabhängig. Kurze Instruktionen verbessern zugleich den Fetch-Mechanismus und gestatten kleine Puffer zur vorgezogenen Speicherung mehrerer anstehender Instruktionen.

Das Instruktionsformat erlaubt 16 Instruktionscodes, von denen 13 zur Codierung der besonders häufig verwendeten Funktionen herangezogen werden: load local (LDL), store local (STL), load local pointer (LDLP), load non local (LDNL), store non local (STNL), load non local pointer (LDNLP), equals constant (EQC), load constant (LDC), add constant (ADC), jump (J), conditional jump (CJ), call (CALL), adjust workspace (AJW).
Neben diesen *direkten* Funktionen umfaßt der Instruktionssatz noch *Prefix*-Instruktionen und *indirekte* Funktionen zur Implementation paralleler Prozesse, zur Kanalkommunikation u.ä.

Prefix-Instruktionen
Bei der Auswertung einer Instruktion werden deren vier Datenbits in die unteren vier Bits des Operandenregisters geladen und mit Ausnahme der Prefix-Instruktionen zusammen mit dem Rest des Operandenregisters nach Abschluß der Instruktionsbearbeitung zur Vorbereitung der folgenden Instruktion wieder gelöscht:

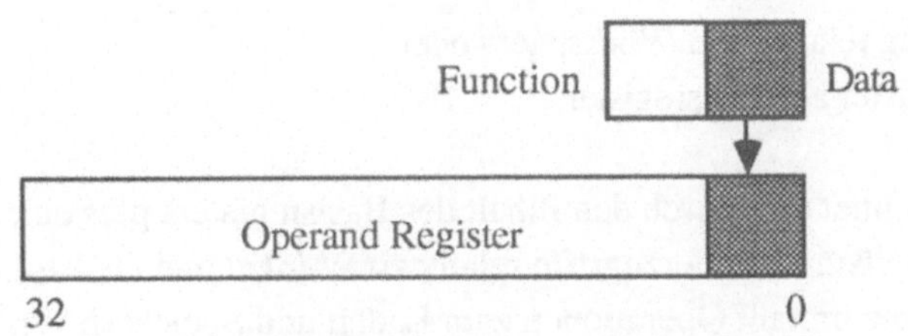

Bild 16: Prefix-Instruktionen

Die Prefix-Instruktionen (prefix, negative prefix) bewirken wie alle anderen Instruktionen eine Überführung der vier Datenbits ins O-Register. Allerdings veranlassen sie danach einen Shift der Daten in O um vier Positionen nach links, so daß die unteren vier Bits zur Aufnahme der Vier-Bit-Daten der nächsten Instruktion frei werden. Im Unterschied zu prefix erfolgt durch negative prefix zusätzlich nach dem Shift eine Komplementierung des O-Registers.
Prefix-Operationen erlauben damit den Aufbau von Operanden für Instruktionen. Die Konstante #754 z.B. wird durch prefix #7; prefix #5 und load constant #4 im Operandenregister gebildet und in das A-Register geladen.

Indirekte Funktionen
Der verbleibende Instruktionscode repräsentiert die operate-Funktion. Diese veranlaßt die CPU, die zugehörigen Datenbits im Operandenregister als Funktion mit Operanden im Stack aufzufassen. Dies erlaubt die Spezifikation weiterer 16 Instruktionen. Es verbleiben Funktionen, zu deren Aufbau eine einmalige Anwendung einer Prefix-

Instruktion herangezogen wird. Unter den hierdurch definierten Instruktionen befinden sich *arithmetische* Instruktionen (add constant (ADC), addition (ADD), subtraction (SUB), multiply (MUL), divide (DIV), remainder (REM)), Instruktionen zur *Mehrwort-* bzw. *Teilwortarithmetik* (long add (LADD) etc. bzw. extend to word (XWORD), check word (CWORD)), zur *Floating-Point-Arithmetik* (normalise (NORM), check floating point infinity or not-a-number (CFLERR), load single length infinity (LDINF) u.ä.), *Vergleichsoperationen* (greater than (GT), check subscript from zero (CSUB0), check count from one (CSUB1)), *Bitoperationen* (bitwise AND (AND), bitwise OR (OR), bitwise exclusive-OR (XOR), complement (NOT), shift left (SHL), shift right (SHR)), *Kontrolloperationen* (loop end (LEND)) und Instruktionen zur Implementation von *Unterprogrammaufrufen* (return (RET), general call (GCALL)).

Adressierung und Speicherzugriff
Der Transputer unterstützt zwei Adressierungsarten:

- Adressierung relativ zum Workspace- oder
- zum A-Register als Basisregister

Die Adresse berechnet sich durch den Inhalt des Basisregisters plus einem Offset. Zur Unterscheidung heißen Speicherzugriffe relativ zu W *lokal* und die bzgl. A *nichtlokal*. Der Instruktionssatz umfaßt Operationen zum Laden und Speichern von Worten (load local (LDL), store local (STL), load non local (LDNL), store non local (STNL)), von Bytes (load byte (LB), store byte (SB)), zum Umspeichern von Blocks (move message (MOVE)), zur Adreßarithmetik (word subscript (WSUB), byte subscript (BSUB)), zur Aufteilung von Adressen (word count (WCNT), byte count (BCNT)), zur Modifikation des Workspace-Registers (adjust workspace (AJW), general adjust workspace (GAJW)), zur Spezifikation von Adressen relativ zum I-Register (load pointer to instruction (LDPI)) und zur Manipulation von Registern (store high priority front pointer (STHF), store high priority back pointer (STHB), store low priority front pointer (STLF), store low priority back pointer (STLB), save high priority queue registers (SAVEH), save low priority queue registers (SAVEL, load priority (LDPRI).

4.9.1 Prozeßmanipulation

Zur Generierung und Elimination von Prozessen stellt der Transputer fünf Instruktionen zur Verfügung. Mit Hilfe von start process (STARTP) lassen sich Prozesse einer Priorität generieren, die vom laufenden Prozeß übernommen wird. Als Vorbereitung werden im A-Register die Workspace-Adresse und im B-Register die

Einsprungadresse des neuen Prozesses abgelegt und bei Ausführung von STARTP zur Verkettung des neuen Prozesses in eine Warteschlange verwertet.
Die End-Process-Instruktion (ENDP) dient zur Implementation der Terminierung insbesondere paralleler Prozesse. Für diese Zwecke wird beim Vaterprozeß "in der Zelle -1" ein Zähler eingerichtet, der mit der Zahl der im PAR-Konstrukt vorgesehenen parallelen Prozese initialisiert wird. Eine Ausführung von ENDP wirkt sich auf den Zählerstand aus und führt i.a. zur Terminierung des laufenden Prozesses und zum Start des nächsten zur Auswertung bereiten Prozesses.
Zusätzlich zu STARTP, ENDP gibt es drei weitere Instruktionen zur Aktivierung und Terminierung von Prozessen:

- stop process (STOPP)
- stop on error (STPERR)
- run process (RUNP)

STOPP bewirkt, daß der laufende Prozeß suspendiert wird und der nächste zur Auswertung bereite Prozeß in den Besitz des Prozessors kommt. STPERR hat eine ähnliche Wirkung wie STOPP, allerdings nur, wenn das Error-Flag gesetzt ist. Die Instruktion RUNP schließlich dient zur Generierung und zum Start eines Prozesses, dessen Prozeßdesciptor im A-Register erwartet wird. Anhand der Workspace-Adresse und der Prioritätsangabe im Descriptor wird der neue Prozeß an eine Warteschlange aktiver Prozesse angehängt. Als Einsprungadresse dient die unmittelbar auf den Workspaceverweis folgende Zelle.

4.9.2 Prozeßkommunikation

Kanäle zwischen parallelen Prozessen werden je nach Konfiguration als *interne-* oder als *externe* Kanäle implementiert. Die Art hängt davon ab, ob durch eine Konfiguration eine Linkzuordnung vorgesehen ist. In jedem Fall wird vom Compiler für den Kanalbezeichner ein *Kanalwort* allokiert. Für einen externen Kanal stimmt die Kanaladresse mit der durch die PLACE-Spezifikation festgelegten Occam-Adressen #0 bis #7 (Bild 13) überein.
Kanalworte werden mit MinInt (MinInt=MOSTNEG INT) initialisiert und beschreiben in dieser Situation die Tatsache, daß kein Prozeß bereit zur Kommunikation ist. Dies hat zur Folge, daß der Wert des Datenwortes unmittelbar nach Abschluß einer Kommunikation erneut zu MinInt gesetzt werden muß.
Kanaloperationen werden mit Hilfe von

- output message (OUT)
- output word (OUTWORD)

- output byte (OUTBYTE)
- input message (IN)

implementiert.

Kommunikation über einen internen Kanal
Zur Vorbereitung von OUT erhält das A-Register die Zahl der zu übertragenden Bytes, das B-Register die Kanaladresse und C einen Verweis auf den Beginn der Zellen, deren Inhalt ausgegeben werden soll. Für die weitere Auswertung ist zu unterscheiden: enthält das Kanalwort MinInt, d.h. ist der Partnerprozeß nicht zur Kommunikation bereit, dann hinterläßt der laufende Prozeß im Kanalwort seine Workspace-Adresse und macht den Prozessor für den nächsten aktiven Prozeß frei, wobei der Instruktionspointer "unter -1" und ein Hinweis auf die zu übertragenden Daten "unter -2 und -3" abgelegt werden. Im Fall einer IN-Operation ergibt sich ein ähnlicher Ablauf. Für das folgende Bild 17 sei angenommen, daß der Prozeß P eine OUT-Operation auszuführen hat und der Partnerprozess Q nicht zur Kommunikation bereit ist. Im Bildteil (a) ist die Ausgangssituation und in (b) die Situation nach Ablage der Workspace-Adresse von P im Kanalwort dargestellt. In (c) hat der Partnerprozeß Q Zugriff zu den Transferdaten, in (d) ist die Kommunikation abgeschlossen, und P ist in die Warteschlange der aktiven Prozesse eingekettet.

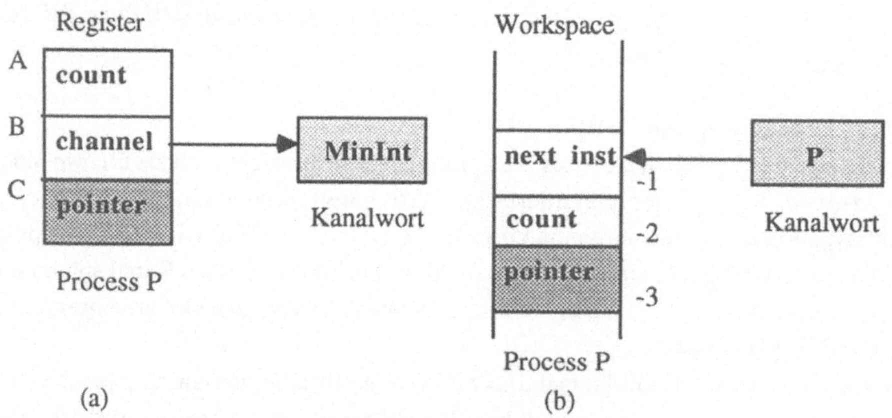

Bild 17a,b: Interne Kommunikation zwischen Prozessen eines Transputers

Ist der Partnerprozeß Q zur Kommunikation bereit, dann enthält das Kanalwort dessen Prozeßdescriptor, und der laufende Prozeß P kann die Ausgabe der Daten veranlassen. Diese besteht darin, daß anhand der Informationen in den A,B,C-Registern die Daten in den Adreßbereich des Partnerprozesses kopiert werden. Die Quelldaten ergeben sich aus A und C, und die Zieladresse kann mit Hilfe der Workspace-Adresse von Q in B ermittelt werden. Anschließend wird der blockierte Prozeß Q reaktiviert und an eine Warteschlange der aktiven Prozesse angehängt.

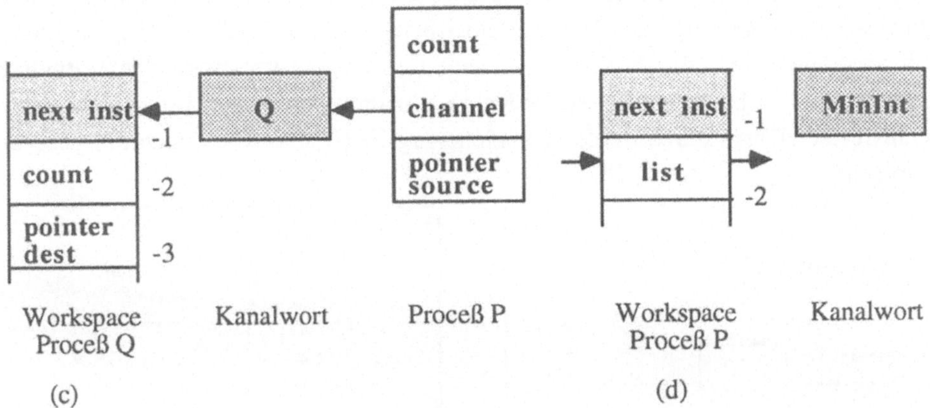

Bild 17c,d: Interne Kommunikation zwischen Prozessen eines Transputers

Die Instruktionen OUTWORD und OUTBYTE haben eine ähnliche Wirkung wie die von OUT, im Unterschied zu OUT enthält das A-Register das zu übertragende Wort resp. Byte direkt.

Kommunikation über einen externen Kanal

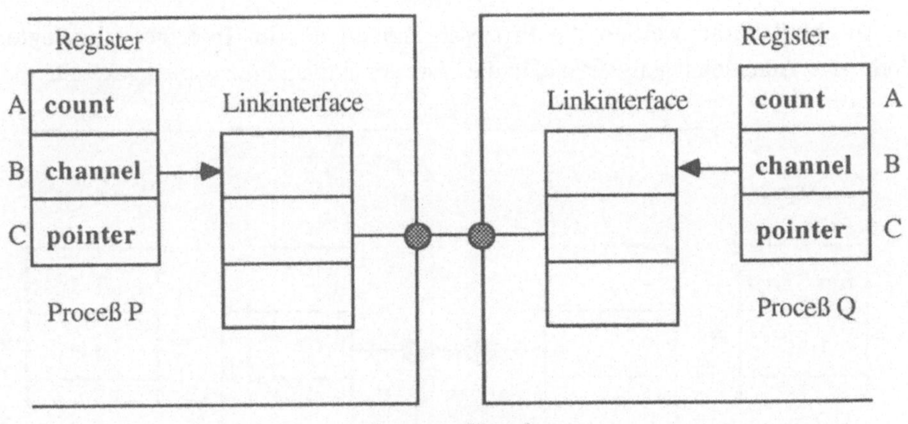

Bild 18a: Externe Kommunikation zwischen Prozessen eines Transputers

Ist für den Transfer einer Botschaft eine Linkverbindung vorgesehen, dann sind zur Vorbereitung der Kommunikation die Zahl der zu übertragenden Bytes und die Quelladresse resp. die Zieladresse zu berechnen und zusammen mit der Workspace-

Adresse dem Linkinterface zu übergeben und dort in den dafür vorgesehenen Registern abzulegen. Das Interface übernimmt anschließend die weitere Kontrolle über den Prozeß und ermöglicht es, daß zwischenzeitlich andere Prozesse in den Besitz des Prozessors kommen können. Der weitere Ablauf wird durch die beteiligten Linkinterfaces gesteuert: durch einen Handshaking-Mechanismus wird der Zeitpunkt erkannt, zu dem beide Interfaces zur Kommunikation bereit sind. Danach kann der Transfer der Daten durch direkten Speicherzugriff (DMA: direct memory access) erfolgen.

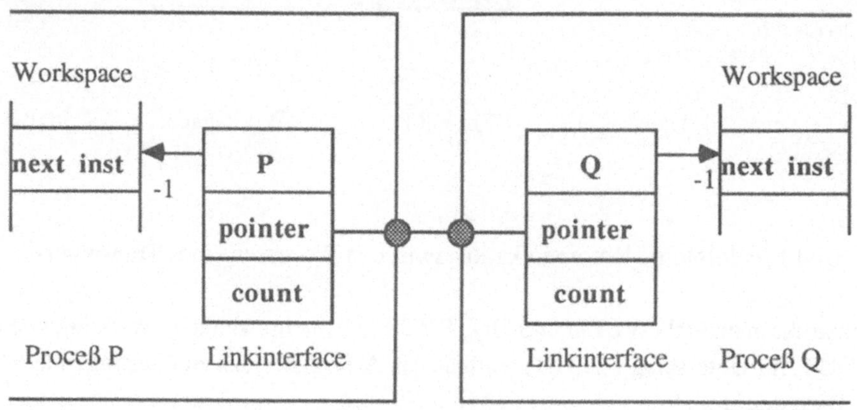

Bild 18b: Externe Kommunikation zwischen Prozessen eines Transputers

Im Anschluß daran werden die Prozesse anhand der im Interface abgelegten Workspace-Adressen reaktiviert und in die Liste der aktiven Prozesse eingekettet.

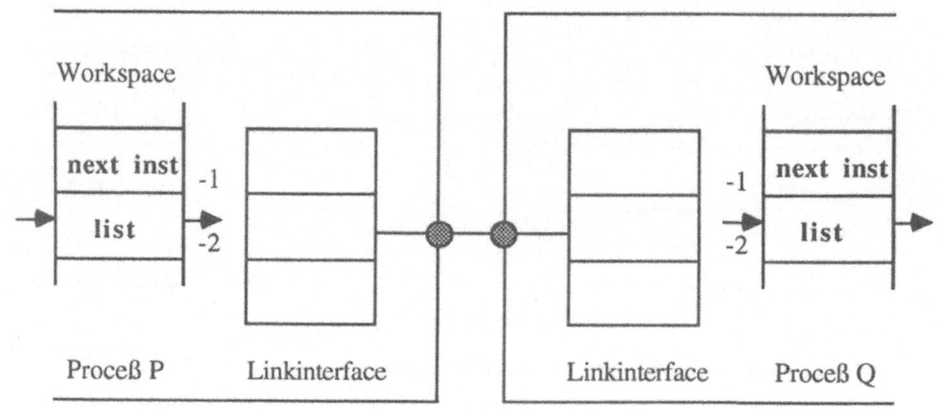

Bild 18c: Externe Kommunikation zwischen Prozessen eines Transputers

4.9.3 Alt-Instruktionen

Die Implementation eines ALT-Konstrukts sieht vor:
Beim Start der Auswertung wird zunächst ein Flag im Workspace-Bereich des ALT-Prozesses gesetzt. Dies beschreibt die Tatsache, daß ein ALT-Prozeß vorliegt und bislang keine Guards "gefeuert" haben. Der nächste Schritt sieht die Auswertung der Guards vor. Die hierbei verwendeten Enable-Instruktionen erzeugen Informationen in den auf die Workspace-Adresse W des ALT-Prozesses folgenden Zellen 0,-1,..,-5.

W →

0	-1 oder Einsprungadresse zur gewählten Alternative
-1	
-2	
-3	MinInt+1: es liegt ein ALT vor, kein Guard hat gefeuert MinInt+3: es liegt ein ALT vor, Guards haben gefeuert MinInt+2: Prozeß nach ALTWT descheduled
-4	MinInt+2: kein frühester Zeitpunkt für Timereingaben bekannt MinInt+1: frühester Zeitpunkt für Timereingaben bekannt
-5	frühester Zeitpunkt für Timereingaben

Bild 19: Zustandsbeschreibungen für ALT-Prozesse

Es handelt sich dabei um Zustandsbeschreibungen des Prozesses, um Aussagen zur Auswertung der Guards u.ä. Hat sich während der (bisherigen) Auswertung kein Guard als zutreffend erwiesen und treten Wartezeiten auf, dann ist der Prozeß zu blockieren und gegebenenfalls in eine Warteschlange zu verketten. Nach Ablauf dieser Phase haben Guards gefeuert, und die Auswahl einer der im ALT spezifizierten Alternativen kann erfolgen. Für diese Zwecke sind Disable-Instruktionen vorgesehen, die der Reihe nach sequentiell auf der Grundlage der gewonnenen Information die Auswahl treffen. Im letzten Schritt schließlich erfolgt ein Sprung an die ausgewählte Einsprungadresse.
Bei der Auswertung werden die Guards nach ihrer Form unterschieden:

(1) <input guard>
(2) <boolean expression> & <input guard>
(3) <boolean expression> & SKIP

In den Fällen (2), (3) sind boolesche Ausdrücke auszuwerten, und im ersten und zweiten Fall ist zu unterscheiden, ob eine Kanal- oder eine Timer-Eingabe vorliegt. Für Kanaleingaben ist zu prüfen, ob der zugehörige Sender bereit zur Kommunikation ist, und für Timereingaben sind Zeitpunkte zu ermitteln, bis zu denen eine Zeitverzögerung vorgesehen ist. Liegen diese in der Vergangenheit, dann ist die Timereingabe wirkungslos und kann übergangen werden. Sind Zeitverzögerungen zu berücksichtigen, dann ist die kürzeste Verzögerungszeit zu ermitteln.
Für eine korrekte Implementation ist zu beachten, daß der für Input-Guards vorgesehene Code keinen Datentransfer veranlaßt. Dieser kann erst dann erfolgen, nachdem die betreffende Alternative zur Weiterverarbeitung ausgewählt ist. Dies hat Auswirkungen auf die Implementation von OUT-Instruktionen. Im Normalfall erfolgt die Kanalausgabe, falls das Kanalwort nicht MinInt enthält. Ist der Empfänger ein ALT-Prozeß, dann muß dies unterbunden werden.

Start der Auswertung
Der erste Schritt zur Auswertung eines ALT-Prozesses erfolgt mit Hilfe von

- alt start (ALT)
- timer alt start (TALT)

Die zweite Form wird gewählt, falls unter den Guards Timer-Eingaben vorkommen. Beide Instruktionen veranlassen die Ablage von MinInt+1 unter der Workspace-Adresse -3 des Prozesses. Das Flag beschreibt: der vorliegende Prozeß ist ein ALT-Prozeß, und es haben bislang keine Guards gefeuert. Die Verwendung von -3 als Adresse ist bedeutsam im Hinblick auf die Tatsache: ergibt sich aufgrund einer erfolglosen Kanaleingabe für einen Prozeß ein Prozeßwechsel, dann wird der Prozeß deaktiviert und die Zelle -3 seines Workspace-Bereichs nimmt einen Verweis auf die Zieladresse der zu übertragenen Daten auf. Ein Prozeß mit einer Kanalausgabe kann damit unterscheiden, ob die Kommunikation mit einem ALT-Prozeß durchgeführt werden soll (MinInt+1 wird als Zieladresse für Daten nicht verwendet). Aufgrund dieser Unterscheidung wird verhindert, daß eine Kanalausgabe unbeeinflußt von dem Auswahlverfahren einer Alternativen im ALT erfolgt. Eine Ausführung von TALT bewirkt zusätzlich die Ablage von MinInt+2 unter -4 im Workspace des ALT-Prozesses. Diese Markierung beschreibt: bislang ist kein frühester Zeitpunkt für Timer-Eingaben berechnet und in -5 registriert.

Freigabe von Guards
Die Instruktionen

- enable channel (ENBC)

- enable skip (ENBS)
- enable timer (ENBT)

werden zur Freigabe der Guards herangezogen. Die Parameter der Instruktionen beschreiben:

- einen Wahrheitswert (Wert des booleschen Ausdrucks im Guard, falls dort ein solcher vorgesehen ist oder TRUE sonst) und für
- ENBC, ENBT die Adresse eines Kanalworts resp. einen Zeitpunkt zur Beschreibung der Verzögerung

Ist der Wahrheitswert FALSE, dann erfolgt keine Aktion. Anderenfalls werden folgende Aktionen ausgelöst:
ENBS ersetzt das Flag in -3 durch MinInt+3 und beschreibt die Tatsache, daß ein ALT-Prozeß vorliegt und ein Guard gefeuert hat. ENBT speichert den Zeitwert unter (-5), falls er einen früheren Zeitpunkt beschreibt als der ggf. früher dort abgelegte Zeitpunkt. Für diese Zwecke ist anhand von -4 zu prüfen, ob sich durch die Freigabe anderer Guards bereits ein frühester Zeitpunkt ergeben hat. ENBC schließlich prüft das Kanalwort daraufhin, ob der Partnerprozeß bereit zur Kommunikation ist. Liegt keine Kommunikationsbereitschaft vor, dann hinterläßt ENBC dort den Prozeßdescriptor des ALT-Prozesses. Anderenfalls ist der Inhalt des Kanalworts von MinInt verschieden, und zwei Fälle sind zu unterscheiden:

- die Änderung des Kanalworts ist aufgrund einer bereits bearbeiteten Kanaleingabe in einem anderen Guard erfolgt
- die Änderung ist vom Partnerprozeß durchgeführt

Die Unterscheidung kann anhand des Prozeßdescriptors erfolgen. Ist der im Kanalwort abgelegte Descriptor von dem des ALT verschieden, dann liegt der zweite Fall vor, sonst der erste. Im zweiten Fall erhält die Zelle -3 den Wert MinInt+3. Dies beschreibt, daß ein Guard gefeuert hat.

Blockieren von ALT's
Nach Auswertung der Enable-Instruktionen wird durch Wait-Instruktionen

- alt wait (ALTWT)
- timer alt wait (TALTWT)

untersucht, ob Guards gefeuert haben, oder ob eine Blockierung des ALT-Prozesses zu veranlassen ist. Hierbei ist für diese Zwecke die TALTWT-Instruktion zu

verwenden, falls Timer-Inputs in Guards vorkommen. Ist der Prozeß zu blockieren, d.h. enthält die Zelle -3 den Wert MinInt+1, dann erhält -3 den Wert MinInt+2 und ALTWT veranlaßt einen Prozeßwechsel, ohne daß der Prozeß an eine Warteschlange gekettet wird. Enthält das ALT-Konstrukt Timer-Eingaben als Guards und liegt der früheste Zeitpunkt für eine Wiederaufnahme der Auswertung in der Zukunft, dann wird der ALT-Prozeß vermöge TALTWT in "seine" Timer-Warteschlange eingereiht. Liegt der Zeitpunkt dagegen in der Vergangenheit, dann hat ein Guard gefeuert, -3 wird mit MinInt+3 besetzt, und die Auswertung des ALT-Prozesses kann fortgesetzt werden.
Derselbe Schritt ist durchzuführen, sobald ein blockierter Prozeß erneut gestartet wird. In dieser Situation ist gesichert, daß Guards gefeuert haben und eine Kanal- oder Timereingabe erfolgen kann.

Auswahl der Alternativen
Die folgenden Instruktionen

- disabel channel (DISC)
- disable skip (DISS)
- disable timer (DIST)

prüfen im Anschluß an ALTWT- rep. TALTWT-Instruktionen, ob ihr zugehöriges Guard gefeuert hat und ersetzen im Erfolgsfall den Inhalt von 0 (Zelle, auf die W weist) durch die Einsprungadresse der zum Guard gehörenden Alternative. Dies erfolgt allerdings nur, falls dort der Wert -1 angetroffen wird, der als weiterer Effekt der ALTWT- resp. TALTWT-Instruktion dort abgelegt wurde. Dies sichert, daß diejenige Alternative gewählt wird, deren Guard als erstes in der textuellen Reihenfolge sich als zutreffend herausgestellt hat.
Die Sprungadresse in 0 schließlich wird durch die zur Codierung von ALT-Konstrukten letzte Instruktion ALTEND genutzt.

5 Anmerkungen zur Literatur

Die Literatur zu Occam und zum Transputer bezieht sich auf praktische Aspekte der Programmierung wie in [JoGo 88][Cok 91][INM 84][INM 88a][INM 88b], auf Aspekte der Implementation [INM 89][MTMB 90] und Architektur [INM 88c][GrKi 90] und auf theoretische Untersuchungen [BHR 84][Hoa 78] im Rahmen von CSP, wo mit Hilfe semantischer Modelle Präzisierungen zentraler Begriffe (Prozeß, Deadlock etc.) vorgenommen werden. Daneben gibt es zahlreiche Veröffentlichungen in Zeitschriften und in Proceedings, von denen die der Occam-Benutzergruppen besonders wichtig sind. In den Beiträgen kommen zahlreiche Anwendungen im

Bereich der Bildverarbeitung und Künstlichen Intelligenz wie auch systemnahe Entwicklungen z.B. im Bereich verteilter Betriebssysteme, in Ansätzen zur Lastbalancierung oder Konfiguration etc. zum Tragen. Der Abschnitt über Occam orientiert sich an [INM 84][INM 88a], wobei die Programme in 2.10 hauptsächlich aus [MTMB 90] adaptiert sind. Die Ausführungen zu TDS resp. zur Tranputer-Architektur schließlich basieren im wesentlichen auf der von INMOS veröffentlichten Literatur [INM 88b][INM 88c].

Kapitel V

Verbindungsnetzwerke

1 Einleitung

Kennzeichnend für die Architektur eines Transputersystems ist u.a. der Aufbau und die Struktur des Verbindungsnetzwerks. Das Netzwerk hat die Aufgabe, die Linkinterfaces der Transputer paarweise miteinander zu verbinden, um die Kommunikation der auf den Prozessoren ablaufenden parallelen Aktivitäten zu ermöglichen. In seiner einfachsten Form kann das Netzwerk aus Leitungen zwischen den Linkschnittstellen bestehen. Es entsteht eine statische Verbindungsstruktur. Sie kann die Form eines Ringes, Torus, Sterns, Hypercubes, einer Pipeline etc. haben.

Zur verbesserten Nutzung der Leistungsfähigkeit eines verteilten Systems sollten z. B. beim Laden neuer Jobs, für Maßnahmen zur Balancierung der Last, zum Aufbau direkter Verbindungen zwischen kommunizierenden Prozessen oder zur Reparatur ausgefallener Kommunikationswege Möglichkeiten zur *dynamischen Rekonfigurierung* vorhanden sein und möglichst vom Betriebssystem unterstützt werden. Zur Realisierung einer kostengünstigen Lösung wurde von INMOS ein spezieller VLSI-Schalter C004 entwickelt.

Für dynamische Netzwerke sind drei Betriebsarten möglich:

- Realisierung einer festen Topologie, die sich während der Programmausführung nicht ändert.
- Feste Topologien für einzelne Phasen der Programmausführung.
- Durch das Laufzeitverhalten gesteuerte Rekonfiguration.

Die Maschinen der Supercluster- und Multicluster-2-Serie von Parsytec z.B. verfügen über Konfigurationssoftware, die sich zur Konfiguration statischer Netzwerke und zur Partitionierung von Netzen für den Mehrbenutzerbetrieb einsetzen läßt. Fortgeschritten ist der Ansatz in [AdBo 90], der für T.Node-Transputer-Maschinen von Telemat verfolgt wird. Für diese Maschinen lassen sich unterschiedliche Topologien für ausgewählte Programmphasen mit Hilfe einer Spezifikation beschreiben. Verfahren zur uneingeschränkten Laufzeitrekonfigurierung befinden sich in der Erprobung und sind Gegenstand intensiver Forschung. Das im Buch beschriebene

Transputer Development System erlaubt die Konfiguration von Occam-Programmen für statisch vorgewählte Topologien.

Struktur und Betrieb der Verbindungsnetzwerke orientieren sich einerseits an Konzepten aus der Telefonvermittlung [Ben 65] und andererseits an den für die Kommunikation zwischen Rechnern verwendeten Techniken. Kreuzschienenverteiler (crossbar) und hierauf aufbauende *Mehrstufennetzwerke* sind z.B. zur Realisierung von Telefonnetzen eingeführt worden. Protokollkonzepte und Schichtenmodelle zur Beschreibung abstrakter Kommunikationsoperationen, Konzepte zum Routing von Nachrichten wie *Store-and-Forward*-Routing, *Wormhole*-Routing etc. sind im Bereich der Rechnerkommunikation entwickelt worden.
Die für den Transfer von Nachrichten über Links im Transputer implementierten Mechanismen arbeiten mit Speicherbereichen zur Darstellung der anfallenden Nachrichten. Dies hat zur Folge, daß Routingverfahren nach dem Store-and-Forward-Schema ablaufen müssen. Dies ist ein Schwachpunkt der derzeitigen Transputer-Architektur: ein erhöhtes Nachrichtenaufkommen und vergrößerte Routing-Distanzen führen zu einer erheblichen Steigerung der Speicherzugriffe. Ein systemweiter Kommunikationsmechanismus kann durch die Zwischenspeicherung von Nachrichten in vermittelnden Knoten einen Overhead erzeugen, der in großen Systemen intolerable Größenordnungen annehmen kann. Zur Reduktion des Kommunikationsoverheads werden in [MoLi 89] "selfrouting" Netzwerke vorgeschlagen, die den Transport und das Routing von Datenpaketen ohne Beeinträchtigung vermittelnder Zwischenknoten bewerkstelligen. Eine ähnliche Lösung [Pou 90] ist für die nächste Transputergeneration vorgesehen. Dort dienen intelligente Routing-Bausteine C104 [May 90] zur hardware-unterstützten Implementation von Wormhole-Routing und einer Intervalltechnik, welche die Implementation optimaler Routingverfahren im Fall regelmäßiger Topologien (Hypercube, Baum-, Ringstrukturen etc.) erlaubt. Diese Technik führt zur Entlastung der Vermittlungsknoten und erlaubt vergleichsweise günstige Transferzeiten, zumal die Link-Schnittstellen mit 100 MBit/sec fünfmal schneller als die der bisherigen Transputer sein sollen.
Nachteilig wirkt sich weiter aus, daß derzeitige Transputersysteme das volle Programmiermodell von Occam nicht unterstützen: die Zahl der Links ist auf vier beschränkt und zwingt zur Implementation von Puffern, Multiplexern und Demultiplexern, um die Beschränkung der Kommunikationswege auszugleichen. Lösungen dieser Art haben den entscheidenden Nachteil, daß sie aufwendig sind und keine Topologieunabhängigkeit garantieren. Für Transputer der kommenden Generation sind Komponenten (Virtual Channel Processor) geplant, die eine Virtualisierung der physikalischen Links, und die zusammen mit dem Router-Chip C104 die Definition systemübergreifender virtueller Kanäle ermöglichen. Ein virtueller Kanal kann

zwischen Prozessoren bestehen, die durch keine direkte Leitung verbunden sind. Die versendeten Nachrichten müssen allerdings durch Routing-Information ergänzt werden, die von den C104-Bausteinen im Netzwerk ausgewertet wird. Für diese Zwecke werden den Transputern im Netz Identifikationsnummern und den Ausgabelinks der C104-Bausteine Intervalle zugeordnet, die den weiteren Weg eines Nachrichtenpakets bestimmen. Auf eine Darstellung von Details muß an dieser Stelle verzichtet werden. Einzelheiten hierzu und eine Diskussion zur Deadlockfreiheit, Skalierbarkeit, Optimalität u.ä. finden sich in [May 90][Pou 90].

2 Mehrstufige Netzwerke

Verbindungsnetzwerke lassen sich als Graphen - die sogenannte *Netzwerktopologie* - charakterisieren mit Knoten zur Beschreibung von Schaltelementen oder Prozessoren und Kanten zur Darstellung von Kommunikationskanälen. Ist eine feste *Topologie* vorgesehen, dann ist von einem *statischen* Netzwerk die Rede. Verfügt das Netzwerk dagegen über programmierbare Schalter zum Verbinden von Eingängen mit Ausgängen während der Laufzeit, dann heißt das Netzwerk *dynamisch.* Größere Netzwerke zeichnen sich durch ihren modularen Aufbau aus: die verwendeten Schalter sind i.a. kxk-Crossbars für kleine $k \in \{2,4,...\}$, die nach einem regelhaften Konstruktionsschema verschaltet sind.

Bei dynamischen Netzwerken kann unterschieden werden, ob es sich um *einstufige* oder *mehrstufige* Netzwerke handelt. Das folgende Bild 1 zeigt ein 8x8 *Shuffle-Exchange*-Netzwerk, welches von Daten auf ihrem Weg vom Sender zum Empfänger ggf. mehrfach v.l.n.r. durchlaufen werden (recirculating networks). Von den Schaltern sei angenommen, daß sie eine "direkte" oder "gekreuzte" Verbindung der einlaufenden und auslaufenden Leitungen herstellen können.

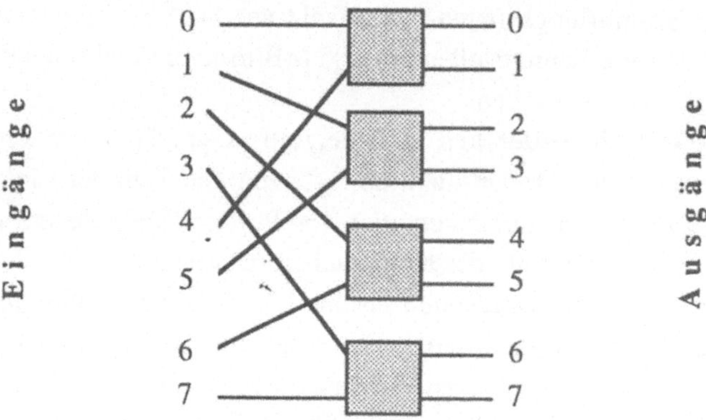

Bild 1 : Shuffle-Exchange-Netzwerk

Enstufige Netzwerke haben den Nachteil, daß zur Abbildung der Eingänge auf die Ausgänge das Netzwerk ggf. mehrfach durchlaufen werden muß. Dies kann bei Mehrstufennetzwerken vermieden werden. Das folgende Bild 2 zeigt ein zweiseitiges 3-stufiges Banyan Netzwerk mit 8 Ein- und 8 Ausgängen.

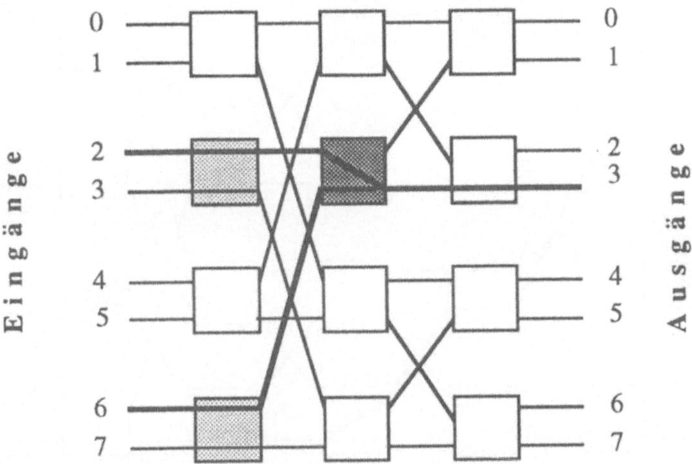

Bild 2 : Banyan-Netzwerk

Neben den *zweiseitigen* Netzwerken, die über eine Eingabe- und eine Ausgabeseite verfügen, gibt es auch *einseitige* Netzwerke, bei denen Ein- und Ausgänge auf derselben Seite liegen, die aber hier nicht betrachtet werden sollen.
In zweiseitigen, mehrstufigen Netzwerken (MIN für: multistage interconnection network) sind die Schalter in mehreren Stufen angeordnet und gestatten Verbindungen zwischen N Eingängen mit N Ausgängen. Häufig werden 2x2-Crossbars und $N=2^n$ für ein $n \geq 1$ zugrunde gelegt. Die Zahl der Stufen und die Art der Verschaltung definieren charakteristische kombinatorische und stochastische [Ben 65] Eigenschaften der MIN's. Die Struktur legt z.B. fest, ob im Verlauf eines gleichzeitigen Aufbaus mehrerer Verbindungen zwischen Eingängen und Ausgängen Konflikte im Hinblick auf die Schaltung eines Crossbars entstehen. Die Mehrheit der in der Literatur untersuchten Netzwerke: Baseline [WuFe 80], Data Manipulator, SW-Banyan, Omega, Delta etc. sind *blockierend* und ermöglichen Situationen, von denen eine stellvertretend in Bild 2 durch Fettdruck hervorgehoben ist. Für blockierende Netzwerke sind wahrscheinlichkeitstheoretische Aussagen zur Blockierung, Verzögerung beim Aufbau von Verbindungen u.ä. von Interesse. Eine weitere strukturelle Eigenschaft betrifft die Frage, ob alternative Verbindungsmöglichkeiten zwischen

einem Eingang und einem Ausgang bestehen. In Banyan-Netzwerken existiert z.B. stets genau eine Verbindung zwischen einem Ein- und einem Ausgang. Auf andere Netzwerktypen trifft dies i.a. nicht zu: das 5-stufige Benes-Netzwerk in Bild 3 erlaubt z. B. die herausgehobenen Verbindungspfade vom Eingang 2 zum Ausgang 4.

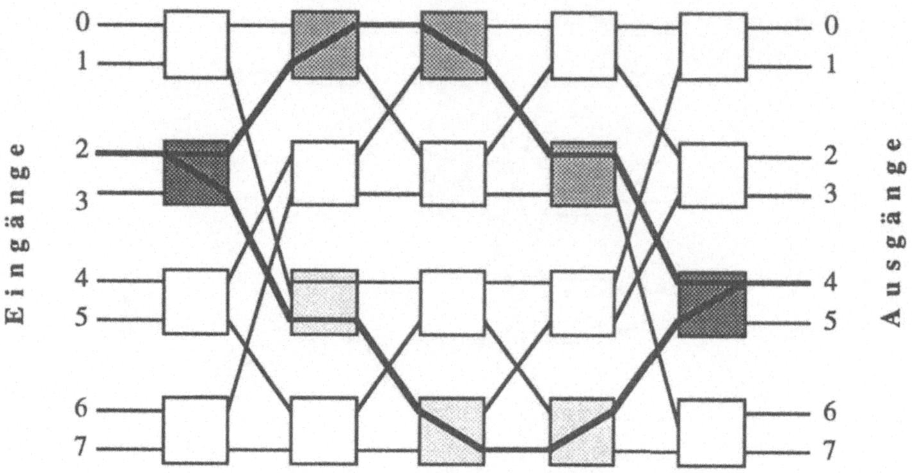

Bild 3 : 5-stufiges Benes-Netzwerk

Die Möglichkeit zum Aufbau unterschiedlicher Verbindungspfade zählt zu den kombinatorischen Eigenschaften eines Netzwerks. Im Hinblick auf das Routing sind Verfahren von Interesse, mit deren Hilfe die Zahl der Blockierungen minimiert werden kann. In diesem Zusammenhang ergibt sich die Frage nach Netzwerken, in denen sich Blockierungen überhaupt vermeiden lassen. Für Benes-Netzwerke läßt sich zeigen, daß sie *rearrangeable nonblocking* sind, d.h. daß trotz bestehender Verbindungen stets eine Verbindung zwischen einem weiteren Ein- und Ausgang hergestellt werden kann. Allerdings müssen hierzu ggf. bereits bestehende Verbindungen neu geschaltet werden. Für Benes-Netzwerke gilt damit, daß jede Permutation π der Eingänge 0,..,N-1 realisierbar ist, d.h. für π gibt es Schalterstellungen, die eine durchgehende Verbindung des Eingangs i mit dem Ausgang $\pi(i)$ für jedes i=0,..,N-1 konfliktfrei herstellen. Es lassen sich alle N! Permutationen schalten, und das Netzwerk realisiert die symmetrische Gruppe S(N) aller Permutationen der Ordnung N.

Für den Einsatz eines Netzwerks als Verbindungsstruktur in einem Multiprozessorsystem sind sog. *strictly-nonblocking*-Netzwerke von Interesse, in denen jede gewünschte Verbindung geschaltet werden kann, ohne daß dazu bestehende Verbindungen geändert oder unterbrochen werden müssen. Die im folgenden Bild dargestelten Clos-Netzwerke gehören für m≥2n-1 zu dieser Klasse der Permutationsnetzwerke.

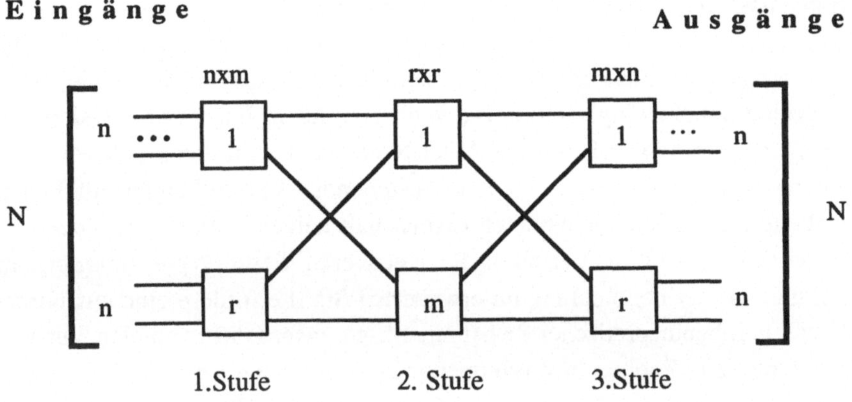

Bild 4 : Clos-Netzwerk ν(m,n,r)

Die Clos-Netzwerke nehmen unter den bekannten Netzwerktypen eine Sonderstellung ein, weil sie ein günstiges Verhältnis der Leistungsfähigkeit zur Anzahl der verwendeten Schaltelemente aufweisen. Die Parameter n,m,r charakterisieren die Blockierungseigenschaften der Clos-Netzwerke ν(m,n,r). Es gilt:

- ν(m,n,r) ist rearrangeable nonblocking genau dann, wenn m≥n.
- ν(m,n,r) ist strictly nonblocking genau dann, wenn m≥2n-1 (m,n,r≥2).

3 Routing

Grundsätzlich bestehen für das Routing die beiden Alternativen:

- circuit-switching
- packet-switching

Bei der ersten Technik wird für den Transfer einer Nachricht eine direkte physikalische Verbindung von der Quelle zum Ziel geschaltet, während im zweiten Fall Pakete fester Länge gebildet werden, die zum Ziel transportiert werden, und aus denen dort die urprüngliche Nachricht wieder hergestellt wird. Das erste Verfahren hat Vorteile, falls lange Nachrichten übertragen werden sollen. Treten dagegen viele kurze Nachrichten auf, dann ist das zweite Verfahren vorzuziehen, weil dann parallele Transfers unter Nutzung der Kommunikationsbandbreite des Netzwerks durchführbar sind. Wichtig für ein Routing-Verfahren sind Aussagen zur Deadlockfreiheit. Für Store-and-Forward-Verfahren gibt es hierzu eine Reihe von Ansätzen [RaHa 76] auf der Grundlage sog. strukturierter Puffer-Pools. In [DaSe 87] wird ein Ansatz diskutiert, der die Freiheit von Deadlocks für Wormhole-Routing für Fälle garantiert, in denen der Kanalabhängigkeitsgraph keine Zyklen aufweist.

3.1 Routing in dynamischen Netzwerken

Für dynamische Netzwerke besteht das Routing-Problem in der Aufgabe, Schalterstellungen für gewünschte Verbindungen zu ermitteln. Dieses Problem ist im Fall der "rearrangeable nonblocking" Netzwerke von besonderem Interesse, zumal sich die Frage nach Netzwerken und Routing-Algorithmen stellt, mit deren Hilfe eine neue Verbindung stets ohne Aufgabe bereits bestehender Verbindungen möglich ist. Netzwerke mit der zuletzt genannnten Eigenschaft heißen "*strictly nonblocking im erweiterten Sinn*". Routing-Verfahren für Netzwerke dieser Typen (rearrangeable nonblocking, strictly nonblocking im erweiterten Sinn) erfordern eine ausführliche Darstellung graphentheoretischer Zusammenhänge, insbesondere spielen Verfahren zur Zerlegung von Graphen in Zusammenhangskomponenten eine Rolle. Auf eine Darstellung wird verzichtet. Einzelheiten können in [OpTs 71] nachgelesen werden.
Zur Demonstration einer grundlegenden Routingtechnik, die sich in abgewandelter Form auf eine Reihe von Netzwerktypen (Data-Manipulator, Omega-, Banyan-Netzwerk etc.) anwenden läßt, wird ein Verfahren für Baseline-Netzwerke betrachtet:

Baseline-Netzwerke

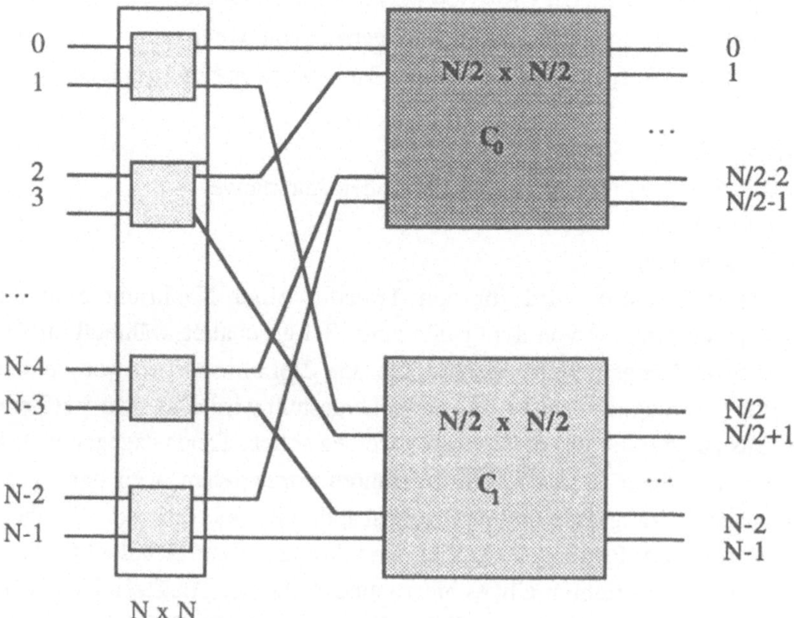

Bild 5 : Rekursive Struktur des Baseline Netzwerks

Die Struktur von NxN-Baseline-Netzwerken für $N=2^n$ läßt sich rekursiv beschreiben: zunächst werden ein NxN-Block für N/2 2x2-Crossbars mit den Eingängen 0,..,N-1 und zwei weitere N/2xN/2-Blocks C_0 ,C_1 generiert mit Verbindungen, die sich aus Bild 5 ergeben. Die skizzierte Konstruktion läßt sich rekursiv auf C_0 ,C_1 und die weiteren erzeugten Blocks anwenden, bis schließlich Teilblocks der Größe 2x2 gewonnen sind. Hierzu sind insgesamt ld(N)-1 Iterationen notwendig, und es entstehen ld(N) Stufen 0,1,..,ld(N)-1 und ld(N)+1 Spalten für Links. Das folgende Bild 6 zeigt ein Baseline-Netzwerk der Größe $N=2^4$ zusammen mit Benennungen der Schalter und Links: den 2x2-Crossbars jeder Stufe werden Binärworte $(p_m...p_1)_i$ mit m=ld(N)-1, i=0,..,m und den nach rechts verlaufenden Links Bezeichnungen $(p_m...p_0)_i$ für i=1,..,m+1=n zugeordnet. Die Bezeichnung der Links ergibt sich aus denjenigen für Schaltelemente nach der folgenden Regel: für Linkbezeichnungen innerhalb des Netzwerks werden für nach oben aus dem Schalter führende Links ein 0 und nach unten laufende Links eine 1 an das Binärwort des Schalters angehängt. Für die Ein- und Ausgänge in das Netzwerk gilt, daß für obere Links eine 0 und für untere eine 1 an die Schalterbezeichnung angehängt wird.

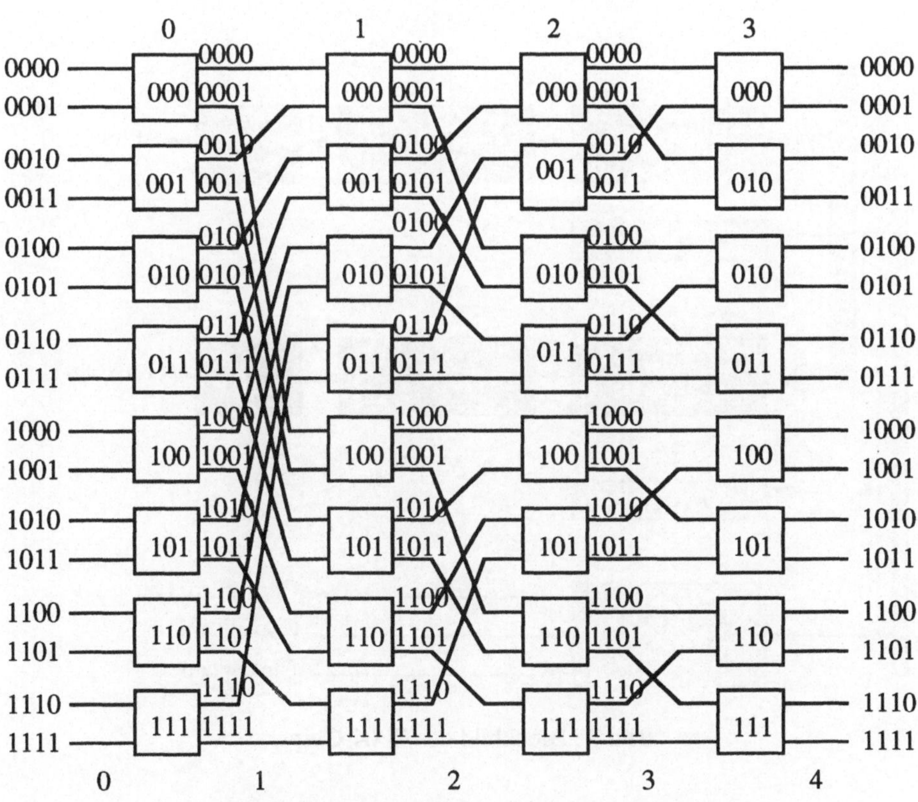

Bild 6: Baseline-Netzwerk der Größe $N=2^4$

Die Vorschrifte zum Verbinden von Schaltern in aufeinander folgenden Stufen läßt sich so beschreiben:

(*) $ß_i^k[(p_m...p_1)_i] = (p_m..p_{m-i+1}kp_{m-i}..p_2)_{i+1}$ für $(p_m...p_0k)_{i+1}$,$0 \leq i < m$, $k=0,1$

Die Regel (*) ist Grundlage für den Routing-Mechanismus: Die Verbindung vom Eingang $(p_m...p_0)_0$ zum Ausgang $(q_m...q_0)_{m+1}$ ist durch die Schalter $S_i=(q_m..q_{m-i+1}p_m..p_{i+1})_i$ für $i=0,..,m-1$ festgelegt. Aufgrund der Bezeichnungen für Eingänge in die Schaltung wird der erste Schalter $S_0=(p_m...p_1)_0$ über die Eingangsleitung $(p_m..p_0)_0$ erreicht. Seine Stellung und die der weiteren Schalter S_i hängt von den q_k ab. Für $q_{m-i}=0$ ist der obere und für $q_{m-i}=1$ der untere Linkausgang zu wählen, d.h. S_i wird über das Link $(q_m..q_{m-i+1}p_m..p_{i+1}q_{m-i})_{i+1}$ verlassen, und es wird der folgende Schalter $ß_i^{q_{m-i}}[(q_m..q_{m-i+1}p_m..p_{i+1})_i] = (q_m..q_{m-i+1}q_{m-i}p_m..p_{i+2})_{i+1}$ erreicht. Die Schalterstellung des letzten Schalters $S_m = (q_m..q_2q_1)_m$ schließlich wird durch q_0 bestimmt, und das Netzwerk wird über den Ausgang $(q_m..q_1q_0)_{m+1}$ verlassen.

4 Der C004-Baustein

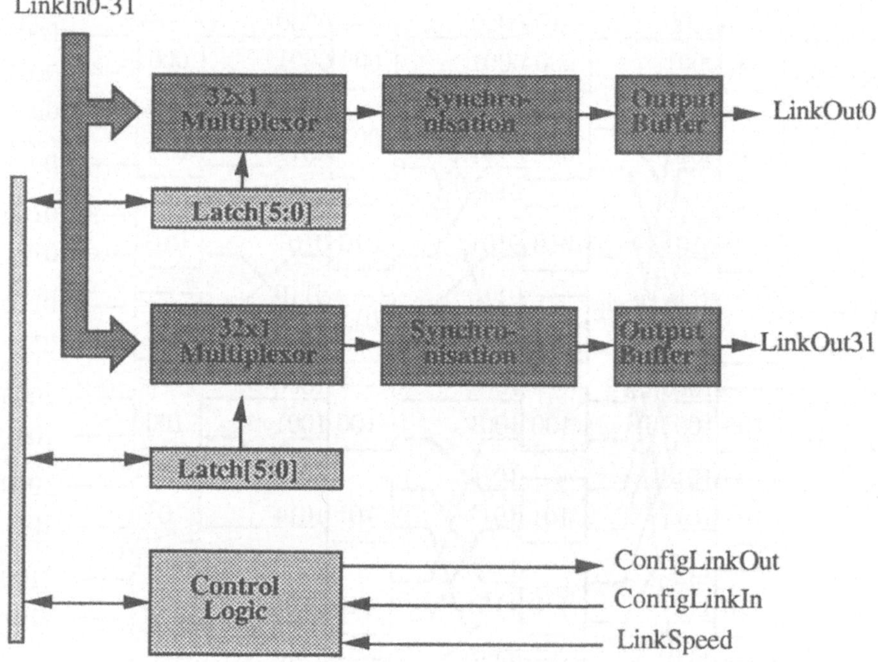

Bild 7 : Blockbild des C004-Chips

Der C004-VLSI-Chip von INMOS ist ein programmierbarer Baustein mit der Funktionalität einer 32x32 Permutationsschaltung: jede Teilmenge der 32 Link-Inputs kann mit jeder gleich großen Teilmenge der 32 Link-Outputs bijektiv verbunden werden. Der C004 unterstützt das serielle Kommunikationsprotokoll und die Standardgeschwindigkeiten (5, 10, 20 MBit/sec) der Transputerfamilie.
Der Baustein besteht aus 32 32x1-Multiplexern, denen jeweils ein 6-Bit Register zur Auswahl eines Eingangs (5 Bits) und zum Verbinden resp. Unterbrechen (1 Bit) der Verbindung zwischen dem gewählten Eingang und dem Ausgang des Multiplexers zugeordnet ist. Hat dieses Bit den Wert 0, dann besteht eine Verbindung. Ausgangssignale werden synchronisiert und erfahren dadurch eine Verzögerung von im Mittel 1.75 Bit je Signal. Weiter werden sie regeneriert, um ohne zusätzliche Maßnahmen mehrere C004-Bausteine zum Aufbau größerer Verbindungsnetzwerke heranziehen zu können.
Zum Auf- und Abbau von Verbindungen zwischen Eingängen und Ausgängen, d.h. zur Konfiguration des Bausteins dient das Konfigurationslink, über dessen Input-Kanal ConfigLinkIn Kommandos, bestehend aus einem, zwei oder drei Bytes gesendet, und über dessen Ausgabekanal ConfigLinkOut Informationen über bestehende Verbindungen gewonnen werden können. In der folgenden Tabelle sind als Werte für output, input, link1, link2 Indizes 0(BYTE),...,31(BYTE) zur Beschreibung von Eingängen, Ausgängen und Links zulässig.

[0][input][output]	Verbinden input-Eingang mit output-Ausgang
[1][link1]link2]	Eingang zu linki an Ausgang zu linkj für i,j=1,2, i≠j, d.h. verbinden von link1 und link2
[2][output]	Eingang zu output-Ausgang? Antwortbyte über ConfigLinkOut
[3]	Abschlußbyte im Anschluß an jede Folge von Konfigurationskommandos
[4]	Zurücksetzen (reset) des Schalters, alle Ausgänge abschalten
[5][output]	Abschalten des output-Ausgangs
[6][link1][link2]	Abschalten des Ausgangs zu linki für i=1,2

4.1 Beispiel zur Laufzeitrekonfigurierung

Die folgende Schaltung in Bild 8 dient zur Implementation eines rekonfigurierbaren Netzwerks, bestehend aus einem C004 für 16 Transputer und einem Kontrollprozessor. Als Verbindungsstruktur zur Übermittlung von Kontrollnachrichten für den Auf- und Abbau von Verbindungen dient ein statisches Teilnetz, welches die Tansputer und den Kontrollprozessor ringförmig verbindet. Dies hat zur Folge, daß je zwei Links dem dynamischen Teil des Netzwerks zuzuordnen sind. Die gewählte Betriebsform hat die Vor- und Nachteile eines ringförmigen, zentralen Reihungsverfahrens. Die Vorteile liegen in:

der Anschluß weiterer Prozessoren ist leicht möglich
der Hardware-Aufwand ist gering
für das teilstatische Netz sind einfache Routingverfahren einsetzbar

Als Nachteile sind zu erwähnen:

ein Teil der Flexibilität geht verloren
das Verfahren ist fehleranfällig aufgrund der ringförmigen Struktur und wegen der langen Wege zum Kontrollprozessor langsam

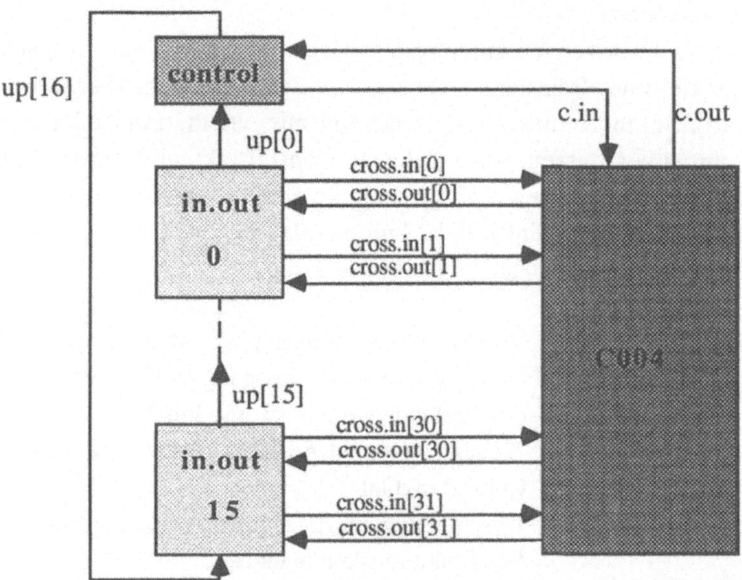

Bild 8 : Dynamisches Transputernetz

Für den Betrieb des Netzwerks sei angenommen:

(i) das teilstatische Netz - im folgenden auch Pipeline genannt - wird lediglich zur Übermittlung von Kontrollnachrichten verwendet.
(ii) Anforderungen zum Aufbau einer Verbindung beziehen sich auf Transputer.

Die erste Einschränkung hat zur Folge, daß die Kanalkapazität ggf. nicht optimal genutzt wird: die Pipeline dient nicht zur Übertragung von Nutzdaten. Für eine

verbesserte Nutzung bietet sich an, "kurze" Nachrichten der Pipeline zu übergeben und nur im Fall "umfangreicher" Daten eine direkte Verbindung herzustellen. Wir verzichten auf die Implementation dieser Optimierung. Die Eigenschaft (ii) ergibt sich aus der Tatsache, daß es für die Kommunikation paralleler Prozesse irrelevant ist, welche Links des dynamischen Teilnetzes zur Übertragung von Nachrichten herangezogen werden.
Es sei angenommen, daß auf den Transputern als Benutzerprozesse In.Out-Prozesse ablaufen, die miteinander durch den Austausch von Nachrichten kommunizieren. Eine Lösungsstrategie zur Rekonfiguration kann davon ausgehen, daß Links des dynamischen Teilnetzes als Ressourcen betrachtet werden. In diesem Fall werden zur Verwaltung des C004 Kontrollnachrichten zur Anforderung, Freigabe und Aufgabe von Verbindungen benötigt. Ferner bietet sich die Verwendung einer Tabelle an, in der die jeweils bestehenden Verbindungen festgehalten werden. Als Alternative kann die Strategie verfolgt werden, bestehende Verbindungen solange wie möglich aufrechtzuerhalten. Die im Buch angegebene Lösung geht hiervon aus und verwendet zur Steuerung des dynamischen Teilnetzes Kontrollnachrichten

- für die Anforderung einer Verbindung,
- zur Beschreibung der Tatsache, daß eine Verbindung aufgebaut ist und
- daß ein Verbindungswunsch besteht und die Möglichkeit zur Realisierung überprüft werden soll.

Anforderungen werden von In.Out-Prozessen erzeugt, über die Pipeline geroutet und dem Kontrollprozeß übergeben. Sie haben die Form "et.req; source, dest" und beschreiben, daß eine Link-Verbindung zwischen dem Quellprozessor mit der Nummer source und dem Zielprozessor mit der Nummer dest hergestellt werden soll (et: exchange token; source, dest$\in$ {0,1,..,15}). Anforderungen werden durch den Kontrollprozeß ausgewertet, und es wird ein Release-Paket der Form "et.rel; source; cur.s.con1; cur.s.con2; dest; cur.d.con1; cur.d.con2" erzeugt und der Pipeline übergeben. Das Paket charakterisiert den Verbindungswunsch und beschreibt zugleich die ggf. bestehenden Verbindungen: für cur.s.con1$\neq$byte.nil z.Bsp. sind die Kanäle (vgl. Bild 8) cross.out[cur.s.con1] mit cross.in[2*source] und cross.out[2*source] mit cross.in[cur.s.con1] verbunden, entsprechendes gilt für die Indizes 2*source+1 und cur.s.con2, 2*dest und cur.d.con1, 2*dest+1 und cur.d.con2. Die Konstante byte.nil kennzeichnet die Tatsache, daß keine Verbindung besteht. Das Release-Paket wird durch die Pipeline geschickt, so daß der Kontrollprozeß nach einem Durchlauf prüfen kann, ob die im Release-Paket festgehaltenen Verbindungen "zwischenzeitlich" verändert wurden. Eine Umwandlung des Pakets in ein Acknowledge-Paket der Form "et.ack; source.link; dest.link" ist möglich, falls eine erneute Berechnung der Indizes cur.s.con1, cur.s.con2, cur.d.con1, cur.d.con2 durch den Kontrollprozeß dieselben Resultate liefert wie die zuvor durchgeführte Berechnung. In dieser Situation kann eine Linkverbindung hergestellt werden, und es kann ein Acknowledge-Paket der angegebenen Form gebildet und der Pipeline übergeben werden. Während des Durchlaufs haben die In.Out-Prozesse die Möglichkeit zu prüfen, ob ein Acknowledge-Paket "an sie" gerichtet ist. Für diese Zwecke ist source=source.link / 2, dest=dest.link / 2 zu berechnen und mit der eigenen Identifikation zu vergleichen. Liefert die Neuberechnung der Indizes cur.s.con1 etc. veränderte Werte, dann wird keine Verbindung aufgebaut, und das Release-Paket wird mit den aktuellen Werten erneut der Pipeline übergeben.

Zur Beschreibung von Konfigurationsanweisungen werden in den folgenden Programmen anstelle der Bytes [0],..,[6] die Kommandos ct.input.output, ct.link, ct.enquire, ct.setup, ct.reset, ct.disconnect.output und ct.disconnect.link verwendet (ct: communication token). Kontrollnachrichten werden mit dem Präfix et versehen: et.req, et.release, et.ack. Von den oben eingeführten Indizes kann angenommen werden, daß stets gilt: source ≠ dest, source ≠ cur.s.con1 / 2, source ≠ cur.s.con2 / 2, dest ≠ cur.d.con1 / 2, dest ≠ cur.d.con2 / 2.

Verteilung der Prozesse

Die Verteilung der Prozesse erfolgt nach dem Schema:

```
PLACED PAR
  PROCESSOR no.of.nodes T2
        control(c.in, c.out, up[0], up[no.of.nodes])
  PLACED PAR i=0 FOR no.of.nodes
    PROCESSOR i T4
              in.out(BYTE  i,up[i],up[i+1],cross.in[2*i],cross.out[2*i],
                                 cross.in[2*i+1],cross.out[2*i+1])
```

Programm 1 : Verteilung von Prozessen

4.1.1 Kontrollprozeß

Der Kontrollprozeß ist ein zyklischer Prozeß. Er unterscheidet je Durchlauf die Kontrollnachrichten et.ack, et.req und et.rel:

```
PROC control (CHAN OF BYTE c.in, c.out, up.in, up.out)
  WHILE TRUE
    SEQ
       BYTE token:
        up.in?token
          IF
              BYTE any.byte1, anybyte2:
              token=et.ack
                  -- consume rest of acknowledge packet since
                  -- it has done its job
```

```
        up.in?any.byte1; any.byte2
    token=et.req
        ... bearbeite Anforderung
    token=et.rel
        ... stelle Verbindung her oder sende Release-Paket
```

Programm 2: Kontrollprozeß

Bearbeite Anforderung!

Im Fall token=et.req liegt eine Anforderung zum Aufbau einer Verbindung eines Quellprozessors mit einem Zielprozessor vor. Der Programmteil hat die Aufgabe, einen Verbindungswunsch zu akzeptieren und den Aufbau einer Verbindung zu veranlassen. Für diese Zwecke sind die Indizes source und dest des Quell- und des Zielprozessors einzulesen, und es sind die für source und dest zur Zeit bestehenden Verbindungen zu bestimmen. Wir gehen davon aus, daß diese Verbindungen in der Tabelle connections festgehalten sind, wobei byte.nil für die Tatsache steht, daß eine Verbindung nicht durchgeschaltet ist .

```
{{{ bearbeite Anforderung
SEQ
    up.in?source, dest
    cur.s.con1:=connections[2*source]
    cur.s.con2:=connections[2*source+1]
    cur.d.con1:=connections[2*dest]
    cur.d.con2:=connections[2*dest+1]
    up.out!et.rel; source; cur.s.con1; cur.s.con2; dest; cur.d.con1; cur.d.con2
}}}
```

Programm 3: Bearbeite Anforderung

Für einen korrekten Ablauf ist der Aufbau einer Verbindung "zwischen source und dest" zurückzustellen, und es sind zunächst Anforderungen zu bearbeiten, die zeitlich früher gestellt worden sind. Aus diesem Grunde wird ein Release-Paket mit et.rel als Kontrolltoken und den Verbindungen als Information generiert und der Pipeline übergeben.

Stelle Verbindung her oder sende Release-Paket!

Zur Verarbeitung eines Release-Pakets sind die zugehörigen Daten einzulesen, und es ist zu prüfen, ob sich "mittlerweile" Änderungen der für source und dest bestehenden Verbindungen ergeben haben. Ist dies nicht der Fall, dann kann eine Verbindung zwischen source und dest eingerichtet werden. Zugleich wird ein Acknowledge-Paket mit einer Beschreibung der verbundenen Links gebildet und der Pipeline übergeben. Kann keine Verbindung aufgebaut werden, dann wird erneut ein Release-Paket mit den entsprechenden Informationen gebildet und abgeschickt.

```
{{{ stelle Verbindung her oder sende Release-Paket
SEQ
  up.in?source; last.s.con1; last.s.con2; dest; last.d.con1; last.d.con2
  cur.s.con1:=connections[2*source]
  cur.s.con2:=connections[2*source+1]
  cur.d.con1:=connections[2*dest]
  cur.d.con2:=connections[2*dest+1]
  IF
    (last.s.con1=cur.s.con1) AND (last.s.con2=cur.s.con2) AND
    (last.d.con1=cur.d.con1) AND (last.d.con2=cur.d.con2)
      gen.link(source, dest, connections, source.link, dest.link)
      up.out!et.ack; source.link; dest.link
    TRUE
      up.out!et.rel; source; cur.s.con1; cur.s.con2; dest; cur.d.con1;
                                                              cur.d.con2
}}}
```

Programm 4: Stelle Verbindung her oder sende Release-Paket

Die Prozedur gen.link liefert Linkindizes source.link, dest.link $\in \{0,...,31\}$ mit source = source.link / 2, dest = dest.link / 2 und stellt die Linkverbindung zwischen source.link und dest.link mit Hilfe von c.in!ct.link; source.link; dest.link her. Läßt sich dabei eine bestehende Verbindung nutzen, dann werden source.link und dest.link geeignet gewählt und die Tabelle connections bleibt unverändert. Andernfalls werden bestehende Verbindungen aufgelöst (c.in!ct.disconnect.link;...), und die Tabelle wird entsprechend aktualisiert.

4.1.2 Benutzerprozeß

In.Out-Prozesse erzeugen Nachrichten für parallele Prozesse im Netz und akzeptieren die vom Crossbar oder von der Kontrollpipeline angebotenen Nachrichten, wobei durch Priorisierung erreicht wird, daß die Übernahme der vom Crossbar gelieferten Nachrichten mit höchster und die Verarbeitung erzeugter Nachrichten mit niedrigster Priorität erfolgt. In.Out-Prozesse haben die Form:

```
PROC in.out(VAL BYTE i, CHAN OF ... up.in, up.out, switch1.in,
                               switch1.out, switch2.in, switch2.out)
  SEQ
    .... declarations
    CHAN OF ... data:
    PAR
      input.output(i, up.in, up.out, data, switch1.in, switch1.out,
                                           switch2.in, switch2.out)
      WHILE TRUE
        SEQ
          generate.message(dest, length, mess)
          data! dest; length::mess
```

```
PROC input.output(VAL BYTE i, CHAN OF ... up.in, up.out, data,
 SEQ                    switch1.in, switch1.out, switch2.in, switch2.out)
    .... declarations
    state:=inactive
    d:=byte.nil
   WHILE TRUE
      PRI ALT
        ALT
          switch1.in? length::mess
            .... deal with message
          switch2.in? length::mess
            .... deal with message
        up.in?token
          ...  verarbeite Kontrollpaket
        state≠pending & data? dest; length::mess
          ...  übertrage Nachricht an Zielprozessor
```

Programm 5: In.Out-Prozeß

Für die Erzeugung von Nachrichten ist im Programm ein zyklischer Prozeß vorgesehen. Er läuft parallel mit einem weiteren zyklischen Prozeß, der die Form eines priorisierten Multiplexers hat. Im PRI-ALT-Konstrukt sind Alternativen für die vom Crossbar angebotenen Daten, für Kontrollpakete vom vorliegenden Kontroll- oder In.Out-Prozeß und für erzeugte Nachrichten vorgesehen. Das Verhalten eines In.Out-Prozesses hängt von seiner Position i ($0 \leq i \leq 15$) innerhalb der Pipeline, von seinem Zustand state mit state $\in$ {inactive, active, pending} und der Variablen d ab, die im aktiven Zustand in Form eines Index $0 \leq d \leq 15$ die Tatsache beschreibt, daß eine Verbindung zwischen den Prozessoren i und d besteht (Initialisierung: state:=inactive, d:=byte.nil, d.h. es besteht keine Verbindung, und der Prozeß ist inaktiv). Aktive Prozesse können Eingabedaten für einen durch d gekennzeichneten Empfänger unmittelbar weitergeben. Ist der Zielprozessor "dest" (im aktiven Zustand des Quellprozessors i) von d verschieden oder befindet sich der Prozeß im inaktiven Zustand und werden Daten erzeugt, dann geht der betreffende In.Out-Prozeß in den Pending-Zustand über. Mit diesem Übergang ist die Erzeugung eines Request-Pakets "et.req; i; dest" für die Pipeline verbunden. Der Pending-Zustand kennzeichnet die Tatsache, daß eine Nachricht erzeugt ist, für die eine gewünschte Verbindung aufgebaut werden soll. Kontrollnachrichten werden unverändert an nachfolgende In.Out-Prozesse weitergereicht, und die Erzeugung weiterer Nachrichten wird solange unterbrochen, bis die Verbindung aufgebaut ist.

Übertrage Nachricht an Zielprozessor!

Für die Verarbeitung einer erzeugten Nachricht durch den i-ten In.Out-Prozeß sind die beiden Variablen state und d maßgeblich: im aktiven Zustand erfolgt die Ausgabe an den Zielprozessor dest, sofern d=dest gilt. Ist der Prozeß inaktiv oder hat d nicht den geeigneten Wert, dann wird eine Anforderung et.req, i, dest für den Kontrollprozeß generiert.

```
{{{ übertrage Nachricht an Zielprozessor
SEQ
    connect(i,d,s1,connections)
  IF
      (state=active) AND (dest=d)
       IF
          s1=switch1.out
              switch1.out! length::mess
          s1=switch2.out
              switch2.out! length::mess
      (state=active) OR (state=inactive)
       SEQ
          up.out!et.req; i; dest
          state:=pending
}}}
```

Programm 6: Übertrage Nachricht an Zielprozessor

Die Prozedur connect(i,d,s1,connections) liefert im aktiven Zustand von i einen Index s1, über den der Prozessor i mit dem Prozessor d verbunden ist.

Verarbeite Kontrollpaket!

Der Pending-Zustand charakterisiert eine Wartesituation, die aufgehoben wird, sobald das zugehörige und vom Kontrollprozeß erzeugte Acknowledge-Paket vom In.Out-Prozeß eingelesen ist. In diesem Moment liegt eine für "dest" geschaltete Verbindung vor, die Ausgabe kann erfolgen, und der Prozeß geht in den aktiven Zustand mit d:=dest über. Ein weiterer Übergang vom inaktiven in den aktiven Zustand wird durch Acknowledge-Pakete et.ack; source.link; dest.link mit dest.link / 2 = i veranlaßt. Die mit diesem Übergang verbundene Zuweisung d:=source.link / 2 kennzeichnet die Tatsache, daß eine Verbindung zwischen dem i-ten und d-ten Prozessor besteht. Wird im aktiven Zustand ein Release-Paket "et.rel, so, c.s.c1, c.s.c2, de, c.d.c1, c.d.c2 mit unsafe.conn (i,so,c.s.c1,c.s.c2,de,c.d.c1,c.d.c2) vom In.Out-Prozeß empfangen, dann besteht die Möglichkeit, daß durch die Verarbeitung dieses Paketes durch den Kontrollprozeß eine Modifikation der bestehenden Verbindung zwischen i und d verursacht wird. Das Programm sieht einen Übergang in den inaktiven Zustand vor.

```
{{{ verarbeite Kontrollpaket
IF
    token=et.rel
     SEQ
          up.in?source; cur.s.con1; cur.s.con2; dest; cur.d.con1; cur.d.con2
          up.out!et.rel; source; cur.s.con1; cur.s.con2; dest; cur.d.con1;
         IF                                                   cur.d.con2
             (state=active) AND unsafe.conn(i, source, cur.s.con1, cur.s.con2,
                state:=inactive                      dest, cur.d.con1, cur.d.con2)
           TRUE
               SKIP
    (token=et.req) OR (token=et.ack)
     SEQ
          up.in?source.link; dest.link
```

```
            up.out!token; source.link; dest.link
          IF
              token=et.req
                SKIP
              token=et.ack
                IF
                        (state=inactive) AND (dest.link / 2=i)
                      SEQ
                            state:= active
                              d:=source.link / 2
                        (state=pending) AND (source.link / 2=i)
                      SEQ
                          IF
                                source.link=2*i
                                  switch1.out! length::mess
                              TRUE
                                  switch2.out! length::mess
                          state:=active
                          d:=dest.link / 2
                  TRUE
                      SKIP
}}}
```

Programm 7: Verarbeite Kontrollpaket

Die boolesche Funktion unsafe.conn(i,source,cur.s.con1,cur.s.con2,dest,cur.d.con1, cur.d.con2) charakterisiert Situationen, in denen der Aufbau einer gewünschten Verbindung zwischen source und dest die zwischen i und d im aktiven Zustand des Prozesses zerstören könnte. Unsichere Verbindungen liegen vor, wenn i=source, d≠dest oder i=dest, d≠source oder i∈{cur.s.con,cur.s.con2,cur.d.con1,cur.d.con2}, d∈{dest, source}.

4.2 Mehrstufennetzwerke auf der Grundlage des C004

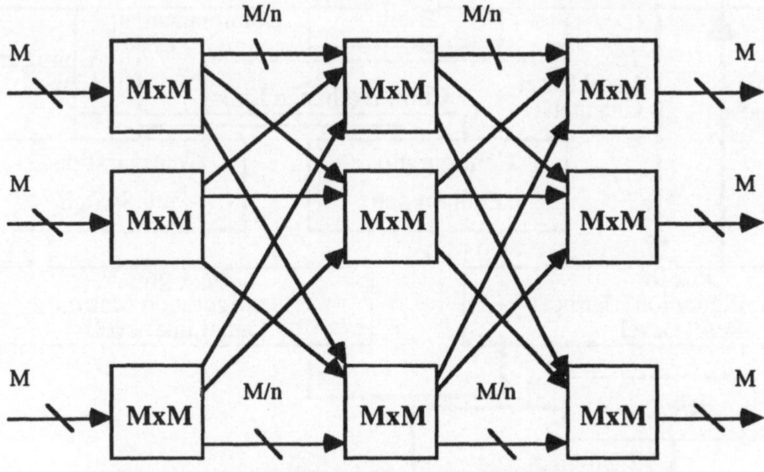

Bild 9: nMxnM-Netzwerk mit 3n C004-Bausteinen

Ein NxN-Kreuzschienenverteiler erfordert N^2 Schalter, so daß VLSI-Realisierungen für große N kostengünstig nicht verfügbar sind. Größere nMxnM-Netzwerke für n≤M können mit Hilfe von 3n C004-Bausteinen nach dem folgenden Schema aufgebaut werden.
Das folgende Bild 10 zeigt, in welcher Weise die Steuerung größere Netzwerke unter Verwendung eines Master-C004 erfolgen kann.

LinkIn0
LinkOut0
Transputer
LinkIn1
LinkOut1
ConfigLinkOut
ConfigLinkIn
LinkIn1
LinkOut1
C004
LinkOut0
LinkIn0
LinkIn31
LinkOut31
ConfigLinkOut
ConfigLinkIn
C004[1]
ConfigLinkOut
ConfigLinkIn
C004[31]

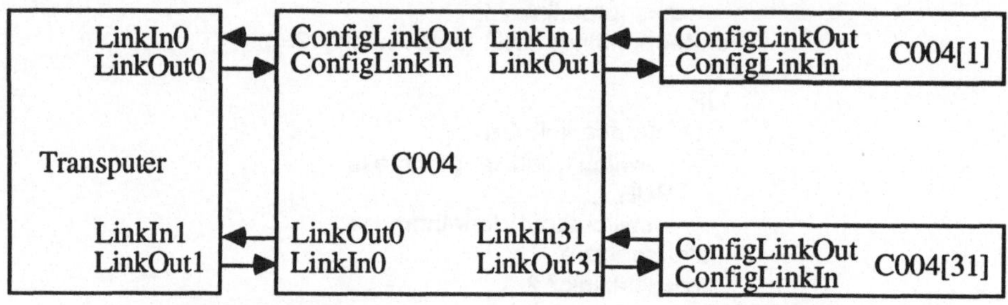

Bild 10 : Steuerung von Netzwerken mit Master-C004

4.2.1 Supercluster

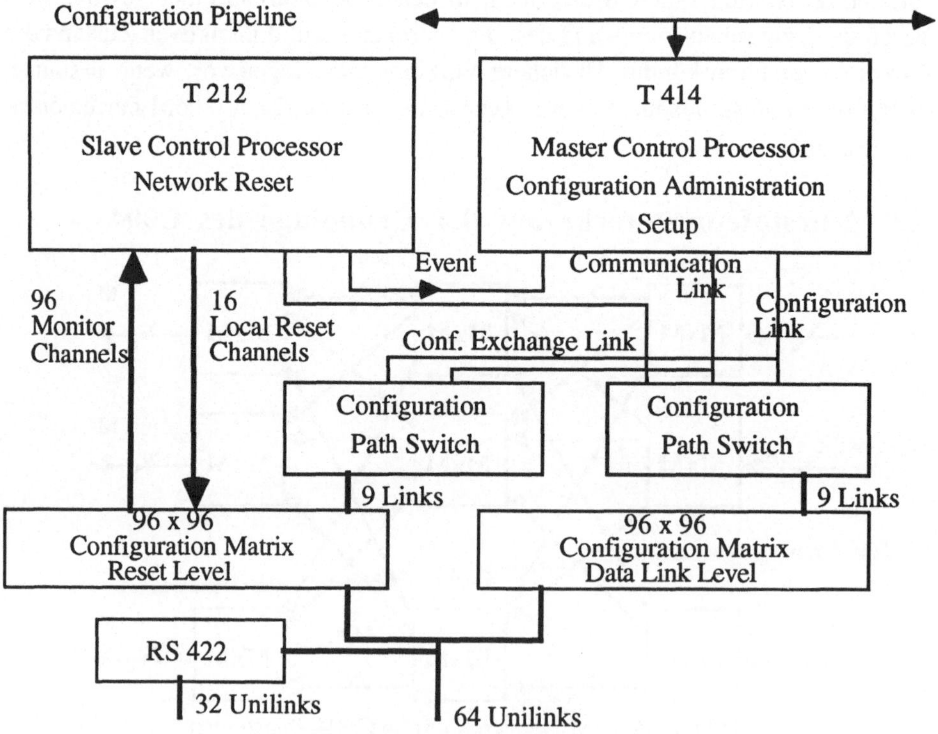

Configuration Pipeline
T 212
Slave Control Processor
Network Reset
T 414
Master Control Processor
Configuration Administration
Setup
Event
Communication Link
Configuration Link
96 Monitor Channels
16 Local Reset Channels
Conf. Exchange Link
Configuration Path Switch
Configuration Path Switch
9 Links
9 Links
96 x 96 Configuration Matrix Reset Level
96 x 96 Configuration Matrix Data Link Level
RS 422
32 Unilinks
64 Unilinks

Bild 11: Network Configuration Unit

Kernstück der Supercluster- wie auch der Multicluster-Serie von Parsytec ist die sog. Network Configuration Unit (kurz: NCU) [Küb 88].

Die NCU (vgl. Bild 11) erlaubt den Aufbau von Transputerclustern in hierarchischer Weise. Sie dient als dynamisch konfigurierbares Verbindungsnetzwerk für 16 Transputer, deren Kernstück aus zwei 96x96-Matrizen zur Verbindung von Datenlinks resp. von Leitungen zur Übertragung von Reset-Signalen zwischen Transputern besteht. Beide Matrizen werden parallel gesteuert, so daß in beiden stets einander entsprechende Verbindungen geschaltet sind. Zur Vermeidung unterschiedlicher Laufzeiten bestehen die Konfigurationsmatrizen aus 9 C004, die gemäß Bild 12 angeordnet sind.

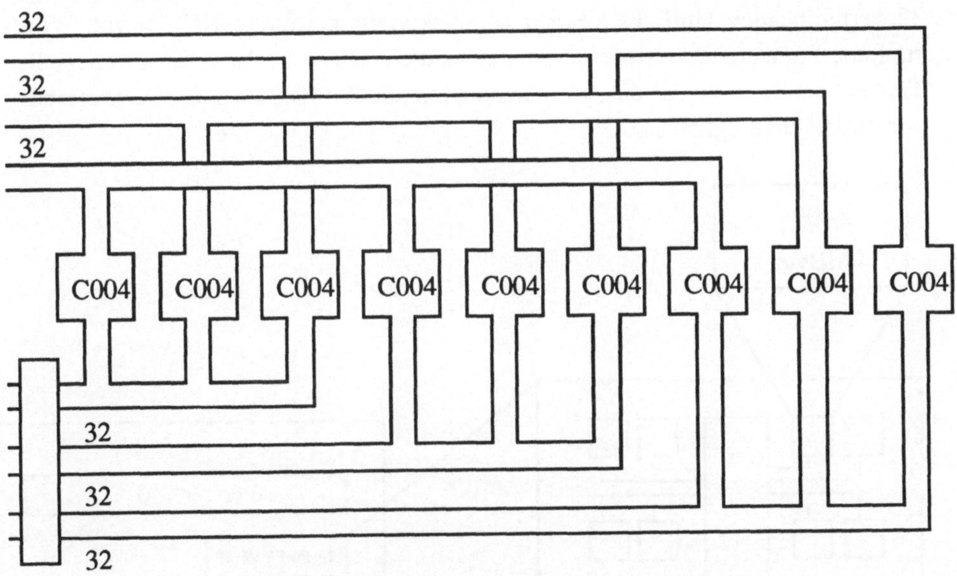

Bild 12: Konfigurationsmatrizen der NCU

Die 96 Eingangsleitungen werden in drei Bündel zu je 32 Leitungen zusammengefaßt und bündelweise parallel auf drei C004-Crossbars geführt. Die Verbindung eines Eingangs mit einem Ausgang wird von einem der drei Crossbars hergestellt. Die anderen beiden unterbrechen den jeweiligen Kanal. Hierdurch werden einheitliche Durchlaufzeiten durch die Gesamtschaltung garantiert, die denen für einzelne C004's entsprechen. Allerdings ist der Aufwand beträchtlich; zumal er sich durch das besondere Reset-Schema verdoppelt. Im Blockbild der NCU beschreiben Unilinks ein bidirektionales Transputer Link zum Transfer von Daten zusammen mit einem weiteren bidirektionalen Reset-Link. Die NCU sieht damit hardwaremäßig die

Möglichkeit vor, daß jeder Transputer seinen Kommunikationspartner über jedes Link dynamisch zurücksetzen kann. Für diesen Zweck ist ein Multiplexer vorgesehen, mit dessen Hilfe der T212-Kontrollprozessor durch iteratives Abtasten die 96 Ausgänge des Verbindungsnetzwerks für Reset-Leitungen überwachen kann. Die Konfigurationssoftware auf dem T414 übernimmt die Steuerung der Schalterstellungen und veranlaßt insbesondere den Ladevorgang der jeweils 9 C004-Crossbars der Konfigurationsmatrizen unter Vermittlung von zwei zusätzlichen C004-Crossbars (Configuration Path Switch). Beide Crossbars sind parallel an die Transputer-Links angeschlossen, so daß die erwähnte Parallelsteuerung der Konfigurationsmatrizen ermöglicht wird. Von den 96 Unilinks der NCU werden 64 zum Anschluß der 16 Transputer verwendet, für die jeweils zusätzliche Logik zur Implementation des Reset-Schemas und für Fehlererkennungs- und Korrekturmaßnahmen vorgesehen ist. Die 32 verbleibenden Unilinks können zur Ankopplung weitere NCU's, von Workstations, Speichereinheiten etc. genutzt werden. Diese Links sind mit speziellen Treibern versehen, so daß eine Kommunikation mit 20 MBit/sec über eine Entfernung von 10 Metern möglich ist.

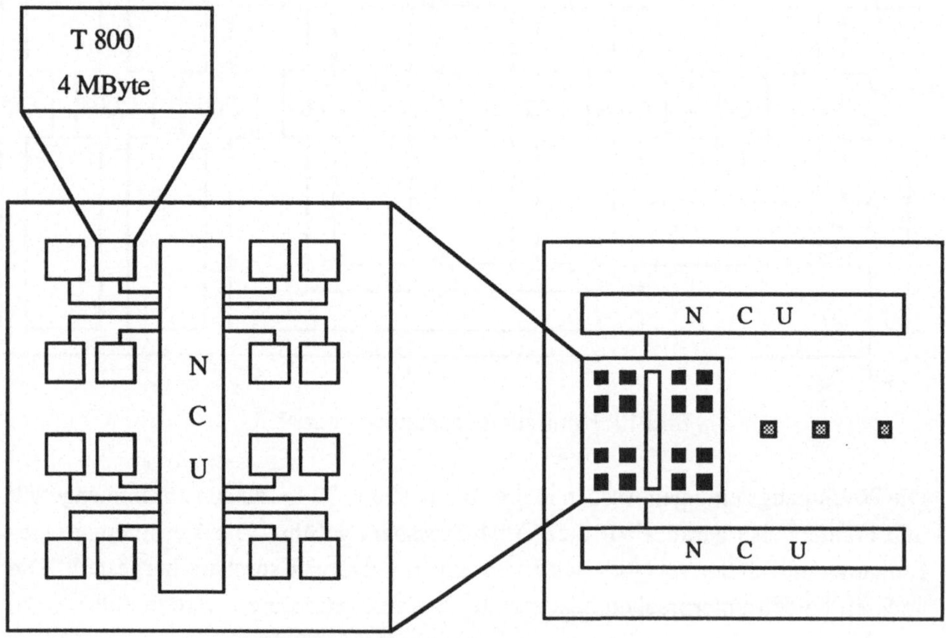

Bild 13: Basiseinheit des Superclusters

Die Processing Elemente (PE) der untersten Ebene sind T800- oder T801-Transputer mit 4 MByte RAM. Die nächst folgende Stufe besteht aus einem sog. Computing Cluster (CC) und umfaßt 16 PE's und eine NCU als Verbindungsnetzwerk.

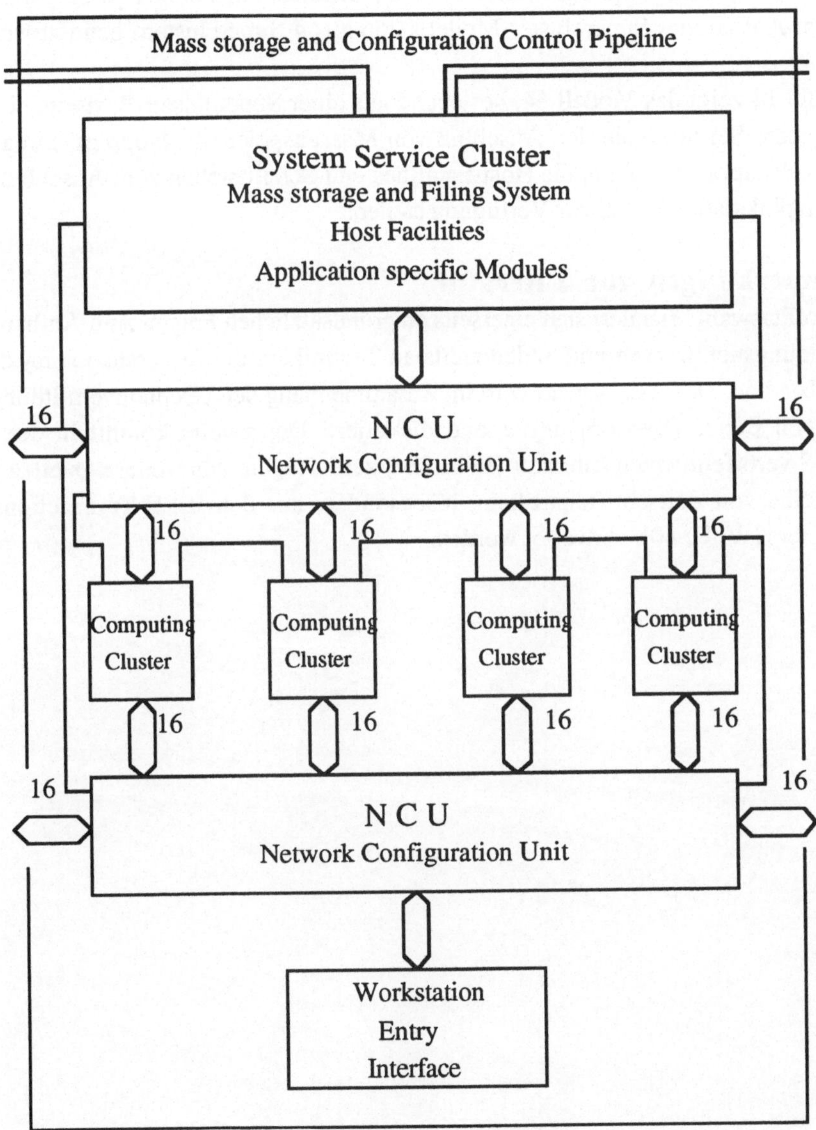

Bild 14: Supercluster Modell 64

In der folgenden Hierarchiestufe werden dann 4 CC's zur Basiseinheit der Suercluster-Serie, Modell 64, einem Supercluster mit 64 Transputern und zwei weiteren NCU's zusammengefaßt. Von den 32 Unilinks der CC's werden dabei je 16 auf eine der beiden NCU's geführt, so daß 64 Unilinks nach außen geführt werden, die zum Aufbau des Supercluster-Modells 256 aus 4 Superclustern benutzt werden können.
Das Bild 14 zeigt das Modell 64, bestehend aus einer Supercluster Basiseinheit und den System Services, die den Anschluß von Massenspeichern, Floppies, Streamer, und Workstations erlauben, die Host-Facilities und Schnittstellen zum Anschluß von z.B. Graphikstationen u.ä. zur Verfügung stellen.

5 Anmerkungen zur Literatur

Die Stoffauswahl orientiert sich einerseits an grundsätzlichen Fragen zum Aufbau von Verbindungsnetzwerken und andererseits an Techniken, die für Transputersysteme verfügbar sind. Der erste Aspekt wird im Zusammenhang der Telephonvermittlung im Buch von Benes [Ben 65] umfassend diskutiert. Der zweite kommt in der von INMOS veröffentlichten Literatur [INM 88c] zum Tragen. Als weitere Quellen sind eine Reihe von Zeitschriftenartikeln, insbesondere aus den IEEE Transactions on Computers [WuFe 80], verwertet worden.

Kapitel VI

Logische Sprachen

1 Einleitung

Die Erfahrungen im Bereich des Automatischen Beweisens, wo Beweissysteme auf der Grundlage der Resolution [Rob 65], der Induktion oder von Hilbert-Typ-Kalkülen entwickelt werden, zeigen den hohen Aufwand, der bei der Implementation der vollen Prädikatenlogik zu treiben ist. Den meisten logischen Programmiersprachen und insbesondere Prolog [Col 79] (programming in logic) liegt daher eine Teilmenge der Prädikatenlogik - die *Horn-Klausel-Logik* - zugrunde. Sie ermöglicht die Verwendung der *SLD-Resolution* (lineare Resolution mit Selektorfunktion für definite Klauseln), die im Unterschied zu allgemeinen Resolutionsprozeduren effiziente Implementationen zuläßt. Logische Programme sind endliche Mengen von Horn-Klauseln, die prädikatenlogische Formeln in Klauselform repräsentieren und die je nach Semantik unterschiedlich interpretiert werden. Aufbauend auf der operationalen Interpretation wird in den folgenden Abschnitten das für parallele logische Sprachen wichtige Prozeßmodell entwickelt. Grundlegend sind dabei syntaktische Begriffe (Term, Formel, Klausel, Substitution, Unifikation) zur Beschreibung und Manipulation von Daten resp. zur Charakterisierung von Eigenschaften und Zusammenhängen und beweistheoretische Begriffe (Resolution), mit deren Hilfe sich ein Ableitungs- und Auswertungsbegriff für Anfragen definieren läßt.

Semantik

Die Prolog-Semantik sieht eine sequentielle Kontrolle vor und stützt sich auf die lineare Abfolge der Klauseln im Programm und je Klausel auf die Reihenfoge der Literale im Klauselkörper: die für einen *Aufruf* anwendbaren Klauseln (eine Klausel ist anwendbar, falls sie eine erfolgreiche *Unifikation* des Aufrufs mit ihrem Kopfprädikat zuläßt) werden in der Reihenfoge ihrer Aufschreibung probiert. Eine getroffene Wahl gilt dabei solange als zutreffend, bis ein *Fehlschlag* (failure) erkennbar wird oder eine *erfolgreiche* Ableitung gewonnen ist. Sind für einen Aufruf alle anwendbaren Klauseln probiert und haben alle zu einem Fehlschlag geführt, dann ist - falls möglich - rückwärtsschreitend (*backtracking*) der unmittelbar zuvor durchgeführte Ableitungsschritt zurückzunehmen. Für den zugehörigen Aufruf muß geprüft werden, ob für ihn eine weitere anwendbare Klausel existiert. Bei erfolgreichem Ausgang dieses Tests kann die Ableitung im Forward-Modus mit der nächsten anwendbaren Klausel wieder aufgenommen werden. Anderenfalls ist Backtracking fortzusetzen.

Die parallelen logischen Sprachen Relational Language [ClGr 81], Parlog [ClGr 86], GHC [Ueda 85], Concurrent Prolog [Sha 86], P-Prolog [YaAi 87] unterscheiden sich kaum. Sie verwenden eine vergleichbare Syntax auf der Grundlage der Horn-Klausel-Logik und erlauben die Spezifikation von Prozessen, Kommunikationsstrukturen, Synchronisationsmaßnahmen und verfügen über ein Konzept zur nichtdeterministischen Auswahl alternativer Prozesse. Die Semantik sieht vor,

- Aufrufe als Prozesse,
- geteilte Variablen als Kommunikationskanäle und
- Zielklauseln und Resolventen als Netzwerke von Prozessen

anzusehen. Die Unterschiede der Sprachen betreffen die Möglichkeiten zur Beschreibung von Kommunikationsstrukturen, die im wesentlichen durch das jeweilige Konzept zur Synchronisation bestimmt wird. Für Parlog z. B. ist eine statische, auf Prozeduren bezogene Technik (procedure-level synchronization) vorgesehen, während sich die Synchronisationsbedingungen in Concurrent Prolog-Programmen auf Variable beziehen (data-level synchronization). In beiden Fällen handelt es sich um eine durch Datenflüsse gesteuerte Synchronisation, deren Bedingungen die Unifikation betreffen. Zusätzlich zu erfolgreichen und fehlschlagenden Unifikationen läßt sich für jede der erwähnten Sprachen eine dritte Eigenschaft definieren, die zur Charakterisierung von *Suspendierungszuständen* herangezogen werden kann: solange aufgrund fehlender Bindungen von Variablen (Input-Variablen im Fall von Parlog und Read-Only-Variablen in Concurrent Prolog) nicht entschieden werden kann, ob eine Unifikation erfolgreich ist, wird die weitere Bearbeitung unterbrochen, und der zugehörige Prozeß wird suspendiert. Er kann reaktiviert werden, sobald fehlende Substitutionsterme von parallel laufenden Prozessen gewonnen sind und dem Prozeß zugänglich gemacht wurden. Dies setzt voraus, daß entsprechende Kanäle zu geteilten Variablen existieren. Hierbei wird erwartet, daß ein transferierter Term Substitutionsterm der jeweiligen Variablen ist. Enthält der Term seinerseits Variable, dann ist der verwendete Kanal durch Kanäle zu ersetzen, die diesen Variablen entsprechen. Damit besteht die Möglichkeit, die erzeugten Kanäle zum Transfer weiterer Substitutionsterme oder für eine Rückantwort zu verwenden. Insbesondere lassen sich durch rekursiv definierte Prädikate Ströme partieller Bindungen - sog. unvollständige Bindungen - definieren, deren Verarbeitung durch eine Pipeline paralleler Prozesse erfolgen kann. Dieser Mechanismus ist grundlegend für Programmiertechniken zur

Erzeugung und Verarbeitung von Strömen durch Programme paralleler logischer Sprachen.

Nichtdeterminismus

Die Unterscheidung transformierender und reaktiver Programme hat Auswirkungen auf die Interpretation des *Nichtdeterminismus* logischer Sprachen. Im Fall transformierender Programme haben Auswertungen zum Ziel, für vorgelegte Behauptungen (*goal, Zielklausel, Anfrage*) Beweise zu finden. Diese sind konstruktiv, und die im Beweisablauf gewonnenen Substitutionen in der Form von mgu's (mgu: most general unifier) setzen sich zu einer Gesamtsubstitution zusammen, welche die gesuchten Bindungen für Variable der vorgegebenen Anfrage beschreibt. Die in den Beweisschritten getroffene Auswahl von Klauseln orientiert sich an dem Ziel, erfolgreich terminierende Ableitungen zu erzeugen. Diese Sicht des Nichdeterminismus wird in [Kow 79] als *Don't-Know-Nichtdeterminismus* bezeichnet. Im Unterschied zu transformierenden Programmen spielen Fragen zum Ein-Ausgabeverhalten nach Terminierung reaktiver Programme keine Rolle. Sie erlauben eine Semantik, welche den Nichtdeterminismus als *Don't-Care-Nichtdeterminismus* interpretiert. Zur Spezifikation enthalten rechte Seiten von Klauseln *Guards* und einen *Committed-Choice*-Operator mit der Wirkung, daß nach seiner Ausführung die betreffende Klausel ausgewählt wird und im Unterschied zu Prolog nicht zurückgenommen werden kann (daher don't care: das Auswahlverfahren berücksichtigt nicht, daß eine getroffene Wahl nicht zu einer terminierenden Ableitung führt und rückgängig gemacht werden sollte).

Logische Variable

Logische Variable sind im Unterschied zu den in imperativen Sprachen verwendeten Variablen *Single-Assignment*-Variable, denen höchstens ein Term als Wert im Verlauf einer Programmausführung zugeordnet wird (abgesehen von Backtracking). Diese Eigenschaft und die vielseitigen Anwendungsmöglichkeiten der Unifikation sind Grundlage für eine Reihe spezifischer Programmiertechniken im sequentiellen Bereich, die durch Möglichkeiten zur Implementation von Strömen und Kommunikationsprotokollen durch parallele logische Programme ergänzt werden.

Klauseldarstellung von Formeln

Resolutionsprozeduren setzen voraus, daß Formeln ß einer Prädikatenlogik in *Klauseldarstellung* vorliegen. Die Klauselmenge $\underline{cl}$(ß) läßt sich mit Hilfe von Normalformkonstruktionen effektiv gewinnen. Ausgangspunkt ist dabei der *existentielle Abschluß* $\exists x_1 ... \exists x_n$ß =: $\underline{ex}$(ß) von ß, der die existentielle Bindung aller *freien* Variablen $x_1,...x_n$ von ß vorsieht. Der nächste Schritt besteht in der Bildung der *pränexen Normalform* PM, welche aus dem Präfix $P = Q_1y_1...Q_ky_k$ (Q_i ist All- oder Existenzquantor, und die y_j sind die Variablen in ß) und der quantorenfreien Formel M (die sog. Matrix) aufgebaut ist. Durch die folgende *Skolemisierung* wird eine Formel P'M' in pränexer Normalform gewonnen, deren Präfix P' alle Variablen bindet und nur noch Allquantoren enthält. Wird schließlich M' noch äquivalent durch eine *konjunktive Normalform* ersetzt, dann ist eine Formel P'M" gefunden, die sich unmittelbar als Klauselmenge $\underline{cl}(ß) = \{C_1,...,C_r\}$ schreiben läßt: die Allquantoren in P' fallen zur Vereinfachung weg, und die Konjunkte von M" werden mengentheoretisch als Klauseln $C_t = \{L_1,...,L_m\}$ beschrieben. *Klauseln* sind dabei endliche Mengen von Literalen L_i und stehen für Oder-Verknüpfungen der Form $L_1 \vee ... \vee L_m$. *Literale* sind atomare prädikatenlogische Formeln der Form $p(t_1,...,t_n)$ (*positives* Literal) oder Negationen solcher Formeln $\neg p(t_1,..,t_n)$ (*negatives* Literal) mit *Prädikatzeichen* p und *Termen* t_k. Die Kommata in den C_i sind als "oder" zu interpretieren und die in $\underline{cl}(ß) = \{C_1,...,C_r\}$ als "und".

2 Substitution und Unifikation

Die in der Logik verwendeten Bindungen von Variablen werden durch Substitutionen beschrieben. Eine *Substitution* μ ist dabei eine Abbildung, die einer endlichen Zahl von Variablen X Terme $t=X\mu$ - *Substitutionsterm* für X genannt - zuordnet (die Anwendung einer Substitution wird häufig in Postfix-Form $X\mu$ notiert). Die Angabe von μ kann durch eine endliche Menge $\mu = \{(X_1,t_1),...,(X_n,t_n)\}$ erfolgen, wobei auf Fixpunkte X mit $X\mu=X$ verzichtet wird. Ferner kann angenommen werden, daß μ idempotent ist, d.h. daß gilt: $\mu\mu=\mu$. Sind in μ die t_i konstante Terme, dann heißt μ *Grundsubstitution*. Substitutionen lassen sich auf Terme oder Literale, d.h. auf *Ausdrücke* A, Klauseln C und Mengen M von Klauseln anwenden. Die Definition für Ausdrücke erfolgt induktiv und bewirkt eine simultane Ersetzung aller Vorkommen von Variablen X in A durch $X\mu$, sofern $X \in \underline{dom}(\mu) := \{X|$ es gibt t mit $(X,t) \in \mu\}$ (*Domain* von μ). Variablen X in A ohne Vorkommen in $\underline{dom}(\mu)$ bleiben unverändert. Für Klauseln C setzt man $C\mu := \{L\mu | L \in C\}$ und für Mengen von Klauseln M entsprechend: $M\mu := \{C\mu | C \in M\}$. $A\mu$ resp. $C\mu$ heißt *Instantiierung* von A resp. C und speziell *Grund-instantiierung* (*Grundliteral* bzw. *Grundklausel*), falls $A\mu$ frei von Variablen ist bzw. falls dies für alle $L\mu$ mit $L \in C$ gilt.

Substitutionen lassen sich hintereinander ausführen:

<u>Definition 1</u>

Für Substitutionen μ_1, μ_2 gelte

$(X,t) \in \mu_1\mu_2$ genau dann, wenn gilt:

(i) es gibt ein t_1 mit $(X,t_1) \in \mu_1$, $t=t_1\mu_2$ und $t \neq X$ oder

(ii) es gibt kein t_1 mit $(X,t_1) \in \mu_1$, und es gilt $(X,t) \in \mu_2$.

$\mu_1\mu_2$ ist Substitution und heißt <u>Komposition</u> von μ_1,μ_2.

Bemerkung 1

Eine wichtige Eigenschaft der Komposition ist die Assoziativität: $\mu_1(\mu_2\mu_3)=(\mu_1\mu_2)\mu_3$.

Für die Resolution sind Varianten, Umbenennungen und Unifikatoren von Wichtigkeit.

Definition 2

Zwei Ausdrücke A_i, A_j resp. zwei Klauseln C_i, C_j sind Variante, falls A_i (bzw. C_i) Instantiierung von A_j (bzw. C_j) für i,j=1,2 und i≠j gilt. Man zeigt leicht, daß Varianten durch Umbenennungen auseinander hervorgehen. Unter einer Umbenennung eines Ausdrucks A resp. einer Klausel C versteht man dabei eine Substitution $\mu = \{(X_i,Y_i) \mid i=1,...,n\}$ mit:

(i) die X_i sind Variablen mit Vorkommen in A (resp. C)

(ii) die Y_i sind paarweise verschiedene Variablen mit:

(iii) hat Y_i ein Vorkommen in A (resp. C), dann gibt es j mit $X_j=Y_i$

Mit Hilfe von Unifikatoren lassen sich Ausdrücke in textuelle Übereinstimmung bringen:

Definition 3

Sei M eine nichtleere Menge von Ausdrücken.

(i) Ein Unifikator (unifier) für M ist eine Substitution μ mit $|M\mu|=1$. d.h. mit $A\mu=B\mu$ für alle A,B aus M.
Sei μ eine Substitution.

(ii) μ unifiziert M, falls μ Unifikator für M ist.

(iii) μ ist allgemeinster Unifikator (mgu: most general unifier) von M, falls μ Unifikator von M ist, und falls es für jeden Unifikator μ_1 von M eine Substitution μ_2 gibt mit $\mu_1=\mu\mu_2$.

Bemerkung 2

Sind μ_1, μ_2 mgu's von M, dann gibt es Substitutionen $ß_1$, $ß_2$ mit $\mu_1=\mu_2 ß_1$ und $\mu_2=\mu_1 ß_2$, d.h. μ_1, μ_2 sind Variante voneinander

Wir betrachten im folgenden einen Algorithmus, der Ausdücke auf Unifizierbarkeit testet und zugleich unifizierende Substitutionen (in Form von mgu's) liefert.

Definition 4

Seien $A_1,...,A_n$ Ausdrücke. Die Unterscheidungsmenge $D(A_1,...,A_n)$ von $A_1,...,A_n$ ist die Menge $\{B_1,...,B_n\}$ der Ausdrücke $B_1,...,B_n$ mit: die Ausdrücke $A_1,...,A_n$ werden simultan v.l.n.r. durchlaufen, bis die erste Stelle gefunden ist, wo nicht alle A_i dasselbe Zeichen aufweisen. Dann sei B_i der Teilausdruck, der in A_i an dieser Stelle beginnt. Gibt es keine solche Stelle, dann sei $D(A_1,...,A_n)=\emptyset$.

Unifikationsalgorithmus [Rob 65]

Sei $A = \{A_1,...,A_n\}$ nichtleere Menge von Ausdrücken

(i) Setze μ_0 := empty (leere Substitution), k:=0

(ii) Für $|A\mu_k| = 1$ terminiere mit dem Ergebnis $\mu_A := \mu_k$

(iii) (a) Enthält die Unterscheidungsmenge $D(A_1\mu_k,..,A_n\mu_k)$ eine Variable X und einen Term t, in dem X nicht vorkommt (Occur Check), dann sei $\mu_{k+1} := \mu_k\{(X,t)\}$.
Inkrementiere k und gehe zurück nach (ii)

(b) Gibt es kein X,t in $D(A_1\mu_k,..,A_n\mu_k)$ mit den Eigenschaften (a), dann terminiere mit einem Fehlschlag.

3 Horn Klausel Logik

3.1 Syntax

Seien $A_1,...,A_m$ positive und $\neg B_1,...,\neg B_n$ negative Literale, und $C=\{A_1,...,A_m, \neg B_1, ...,\neg B_n\}$ sei eine Klausel. C steht dabei für die Formel $\forall x_1...\forall x_k(A_1 \vee ... \vee A_m \vee \neg B_1 ... \vee \neg B_n)$, wobei $x_1,...,x_k$ die in den Literalen vorkommenden Variablen sind. Die Oder-Verknüpfung dieser Formel läßt sich - Quantoren seien weggelassen - als Implikation auch so schreiben:

(a) $A_1 \vee ... \vee A_m \leftarrow B_1 \& ... \& B_n$

Diese Notation unterstreicht, daß Klauseln als Regeln angesehen werden können, die in der Horn-Klausel-Logik besonders einfach sind. Man läßt dort nur Klauseln mit höchstens einem positiven Literal zu und unterscheidet die Fälle:

Definition 5

(a) Definite Klausel (Regel): $m = 1, n > 0$
Schreibweise A_1 :- $B_1,...,B_n$.

(b) Einheitsklausel (Fakt): $m = 1, n = 0$
Schreibweise: A_1 :- . oder A_1.

(c) Zielklausel (goal, Anfrage, Aufruf): $m = 0, n > 0$
Schreibweise: :- $B_1,...,B_n$.

A_1 in (a),(b) heißt Kopf der Regel, und die B_i sind die Körperatome (body-goal) der definiten Klausel resp. die Teilziele (subgoal) der Zielklausel.

Horn-Klausel-Programme sind endliche Mengen von *Programmklauseln*, d.h. von definiten Klauseln oder von Einheitsklauseln. Definite Klauseln dienen zur Formulierung von Regeln, Einheitsklauseln zur Angabe von Fakten und Zielklauseln zur Beschreibung von Anfragen an ein Programm P.

3.2 Semantik

Ein Horn-Klausel-Programm P läßt sich als Formel oder als eine Menge von Regeln ansehen. Die erste Sicht ermöglicht eine *deklarative* Semantik [vEK 76] von P, und die zweite Betrachtungsweise ist Grundlage für Horn-Klausel-Interpreter, die eine *operationale* Semantik festlegen.

3.2.1 SLD-Ableitung

Die besondere Form der Horn-Klauseln macht die Verwendung der SLD-Resolution möglich: ausgehend von einer vorgelegten Zielklausel $G_0=\{\neg A_1,...,\neg A_k\}$ wird eine Folge G_i von Resolventen mit nur negativen Literalen erzeugt, indem das jeweils gewonnene G_i mit einer Klausel C eines Programms P resolviert wird. Dieser Schritt setzt die erfolgreiche Unifikation eines Elementes A aus G_i mit dem Kopfprädikat H von $C = \{H,\neg B_1,...,\neg B_m\}$ voraus.

Definition 6

Die Resolvente G_{i+1} zu G_i, A und C mit $A \in G_i$ hat ein Aussehen der Form $G_{i+1} = \{ B\mu \mid B \in G_i \setminus \{A\}$ oder $B=\neg B_j$ für ein $j=1,...,m\}$, wobei μ der bei der Unifikation von H und A anfallende mgu sei.

Zur Trennung der Variablen in G_i und C wird bei diesem Schritt implizit eine Umbenennung der Variablen in C durch bislang nicht verwendete Variablen angenommen (die zur Bildung von G_{i+1} verwendete Klausel ist daher eine Variante zu C). Das skizzierte Verfahren ist Grundlage für Horn-Klausel-Interpreter, welche Programme P und Zielklauseln G_0 akzeptieren und iterativ Resolventen G_i und mgu's μ_i berechnen mit dem Ziel, schließlich die leere Klausel $G_n=\emptyset$ und eine Antwortsubstitution $\mu=\mu_1...\mu_n$ zu erzeugen. Die Folge der G_i kann allerdings unendlich sein, oder es kann sich herausstellen, daß für ein G_i keine weiteren erfolgreichen Unifikationsschritte mehr möglich sind. Für diesen zweiten Fall sind im Rahmen einer Implementation Vorkehrungen zu treffen, um ggf. durch eine alternative Auswahl von Programmklauseln eine erfolgreiche SLD-Ableitung durchzuführen. Dies betrifft die Frage, nach welchem Verfahren die

(i) Auswahl des Zielliterals A aus G_i resp. die

(ii) Auswahl der Klausel C aus Programmen P durchgeführt werden soll.

Strategien zu (i) heißen *Berechnungsregel* (computation-rule) und solche zu (ii) *Suchregel* (search-rule). SLD-Ableitungen hängen unmittelbar nur von Berechnungsregeln ab, d.h. von Funktionen R, die das jeweils nächste Teilziel R(G) der aktuellen Resolvente G zur Unifikation mit einem Klauselkopf zur Verfügung stellen; Suchregeln treten in den folgenden Begriffen nicht explizit auf. Sie werden erst im Zusammenhang mit Implementationsfragen benötigt.

Definition 7

Sei G eine Zielklausel, P ein Horn-Klausel-Programm und R eine Berechnungsregel. Eine SLD-Ableitung zu P, G bzgl. R besteht aus drei Folgen von

(a) Zielklauseln $G_0, G_1, \ldots$ mit $G_0 := G$,

(b) Varianten von Klauseln $C_1, C_2, \ldots$ aus P und

(c) mgu's $\mu_1, \mu_2, \ldots$ mit:
für alle i ist G_{i+1} SLD-Resolvente zu G_i, $R(G_i)$ und C_{i+1}, und μ_{i+1} ist der dabei berechnete mgu. Eine SLD-Ableitung ist endlich, falls es ein n gibt mit:

(d) $G_n = \varnothing$ oder falls

(e) $G_n \neq \varnothing$ gilt und $R(G_n)$ keine erfolgreiche Unifikation mit dem Klauselkopf einer Klausel aus P zuläßt.

Im ersten Fall (d) spricht man von einer *SLD-Widerlegung* oder einer *erfolgreichen SLD-Ableitung* und im zweiten von einer *erfolglosen-* oder *fehlgeschlagenen SLD-Ableitung*. SLD-Widerlegungen sind Grundlage der operationalen Semantik von Horn-Klausel-Programmen.

Definition 8

Sei P ein Horn-Klausel-Programm. Unter der operationalen Semantik von P versteht man die Erfolgsmenge:
Success(P):= $\{A \in B(P) \mid$ es gibt eine Berechnungsregel R mit $P, A \vdash_R \varnothing\}$.
Hierbei bezeichnet B(P) die *Herbrand-Basis* zu P, und $P, A \vdash_R \varnothing$ steht für: es gibt eine SLD-Widerlegung zu P, A bzgl. R.

Die Komposition $\mu_1 \ldots \mu_i$ der für SLD-Ableitungen zu P,G bzgl. R definierten mgu's μ_k charakterisiert Variablenbindungen, die vor Berechnung der nächsten Resolvente G_{i+1} gewonnen sind. Im Fall einer SLD-Widerlegung der Länge n beschreibt $\mu_1 \ldots \mu_n$ das berechnete Ergebnis. Man bezeichnet daher in diesem Fall

Definition 9 $\mu_1 \ldots \mu_n$ als die berechnete Antwortsubstitution für P, G bzgl. R.

3.2.2 Sieb des Eratosthenes

Die angegebenen Klauseln werden als Prolog-Klauseln interpretiert, d.h. Zielklauseln G_i sind Folgen negativer Literale, deren Reihenfolge sich aus der von G_0 (vom Programmierer festgelegt) und der ***Linksregel*** als Berechnungsregel ergibt: Diese sieht vor, daß stets das linke Element A_1 von $G_i = :- A_1,...,A_n$ zur Auswertung heranzuziehen ist. Im Hinblick auf die Suchregel ist bedeutsam:

- Der Interpreter arbeitet entweder im Forward- oder im Backward-Modus
- Für bereits bearbeitete Teilziele A gibt es genau eine Klausel C der Prozedur pr(A) zu A, die für den Beweis von A herangezogen ist. Die Klauseln C' von pr(A) textuell oberhalb von C im Programm P sind bereits verwendet. Falls dies nicht auf alle Klauseln der jeweiligen Prozedur zutrifft, dann steht die nächste verwendbare Klausel zur Verfügung. Unter der Definition oder Prozedur von p versteht man die Klauseln in P, deren Kopfliteral $H=p(T_1,...,T_m)$ mit Hilfe von p aufgebaut ist .

Für das Beispiel ist die Suchregel von Prolog (Probieren der Klauseln in textueller Reihenfolge und Backtracking im Fall eines Fehlschlags) irrelevant. Das Programm ist deterministisch und liefert genau eine Lösung. Wir verzichten auf eine Präzisierung des Prolog-Interpreters. Einzelheiten können in [ClMe 81][StSh 86] nachgelesen werden.

Für das Beispiel werden Listen benötigt. Es stehen:

(i) [ ] für die leere Liste

(ii) [H|T] für die Liste mit H als Kopf (head) und T als dem Rest (tail). Üblich sind abgekürzte Darstellungen der Form

(iii) $[A_1,...,A_n]$ anstelle von $[A_1|[A_2|[...[A_n|[\ ]]...]]]$.

Damit steht [A] für [A|[ ]], [A,B] für [A|[B|[ ]]] etc.

Die folgenden Klauseln definieren eine Prolog-Version des Siebverfahrens:

```
primes(M,Ps) :- integers(2,M,Is), sift(Is,Ps).
integers(N,M,[N|Ns]) :- N<M, N1:=N+1, integers(N1,M,Ns).
integers(N,N,[N]).
sift([P|Is],[P|Out1]) :- filter(Is,P,Out), sift(Out,Out1).
sift([],[]).
filter([N|Is],P,Out) :- N mod P=0, !, filter(Is,P,Out).
filter([N|Is],P,[N|Out]) :- N mod P≠0, !, filter(Is,P,Out).
filter([],P,[]).
```

Programm 1: Prolog-Version des Siebverfahrens nach Eratosthenes

Das Programm berechnet die Primzahlen im Bereich von 2 bis M:

- Die Initialisierung des Siebes erfolgt durch die Prozedur "integers", die als Bindung für Is die Liste [2,3,4,...,M] der Zahlen von 2 bis M erzeugt und an sift weitergibt.
- Die Sift-Prozedur erwartet im Normalfall auf der ersten Parameterposition eine nichtleere Liste, deren erstes Element die Rolle der nächsten Primzahl P übernimmt. Die Vielfachen von P sind aus der Restliste zu streichen. Diese Aufgabe übernehmen die Filter-Klauseln.
- Die rekursive Struktur der Sift-Klausel führt zur Durchführung weiterer Siebvorgänge, sofern noch nichtleere Restlisten verblieben sind.

Ausgehend von :- primes(10000,P_s). werden Resolventen der Form

```
:-  integers(2,10000,Is),sift(Is,Ps).
:-  sift([2,3,...,10000],Ps).                  //nach Abarbeitung von integers
:-  filter([3,...,10000],2,Out1),sift(Out1,Ps^1).   //  Ps=[2|Ps^1]
:-  sift([3,5,...,9999],Ps^1).                  // nach Abarbeitung von filter
:-  filter([5,...,9999],3,Out2),sift(Out2,Ps^2).    // Ps^1=[3|Ps^2]
.........................
:-  filter([],p,Out'),sift(Out',Ps^i)
:-  leere Klausel                                // Ps^i=[]
```

erzeugt. Ist das leere Sieb im Filter-Aufruf gewonnen, dann lassen sich die beiden Fakten der Filter- und Sift-Prozedur anwenden, die Ableitung ist erfolgreich und liefert als Bindung für P_s die Liste der Primzahlen im Bereich von 2 bis 10000.

3.3 Und/Oder-Baum

Sei P ein logisches Programm und G eine Anfrage für P. Als Suchraum für Lösungen kann der sog. *Und/Oder-Baum* T(P,G) zu P und G herangezogen werden. T(P,G) ist ein geordneter und i.a. unendlicher Baum, dessen Knoten entweder als Und- oder als Oder-Knoten ausgezeichnet sind, und der durch die folgenden Eigenschaften charakterisiert ist:

- Alle Knoten sind markiert, und die Anfrage G ist Marke der Wurzel.
- Die Wurzel ist ein Und-Knoten und hat k Söhne, die Oder-Knoten sind und v.l.n.r. mit den Teilzielen $G_1,...,G_k$ von G markiert sind (diese Reihenfolge sei vorgegeben).

- Sei $p(t_1,...,t_m)$ Markierung eines Oder-Knotens N und $C_1,...,C_l$ die Definition des Prädikats p im Programm P, dann verfügt N über l Und-Söhne, die der Reihe nach mit den C_j markiert sind.
- Sei A_0 :- $A_1,...,A_m$. Markierung eines Und-Knotens N, dann verfügt N über m Oder-Knoten, die v.l.n.r. mit den A_i markiert sind.

Und-Knoten im Baum beschreiben die Tatsache, daß für eine erfolgreiche Auswertung alle Teilziele der Sohnknoten erfolgreich auszuwerten sind, während dies für Oder-Knoten von lediglich einem Sohnknoten erwartet wird.

Für das Programm P
mit den Klauseln

C1 = p(X,Z) :- p(Y,Z),q(X,Y).
C2 = p(a,a).
C3 = q(a,b).

und der Zielklausel

G = :- p(a,Z),q(X,Y).

hat T(P,G) ein Aussehen der Form:

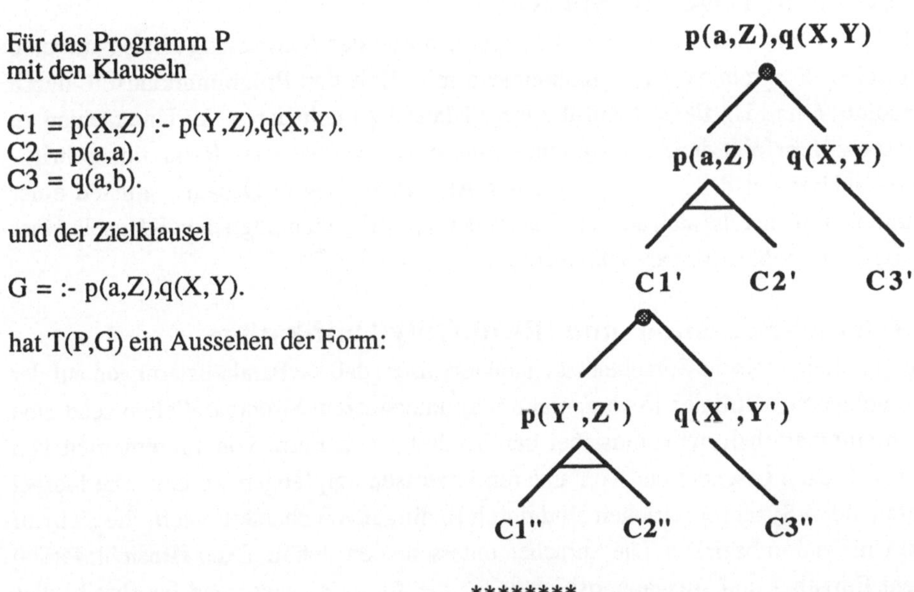

****

Bild 1: Und/Oder-Baum

Für SLD-Ableitungen $G=G_0,...,G_i$,.. besteht eine injektive Abbildung der Teilziele in den G_i auf Oder-Knoten in T(P,G). Beim Start einer Auswertung sind die Teilziele T_j von $G=G_0$ den Söhnen der Baumwurzel zugeordnet. Die T_j und danach auch die Teilziele der G_i für i>0 werden durch Unifikation mit dem Kopfliteral einer Klausel C ausgewertet. Dies entspricht dem Übergang zu einem mit C markierten Und-Knoten. Ist C keine Einheitsklausel, dann entstehen Aufrufe zu den Literalen des Körperteils von C, die in eindeutiger Weise Oder-Knoten in T(P,G) zugeordnet sind.

Für eine Auswertungsstrategie legt die Berechnungsregel fest, welche der Aufrufe im nächsten Schritt ausgewertet werden sollen, und die Suchregel bestimmt, welche der alternativen Klauseln anzuwenden ist. Diese Aufgabenteilung ermöglicht sequentielle wie auch parallele Auswertungsstrategien, die sich u.a. mit Hilfe von Prozeßmodellen implementieren lassen.

Bemerkung 3
Für die Horn-Klausel-Logik und auch für die parallelen logischen Sprachen ist die Reihenfolge der Klauseln einer Prozedur irrelevant. Prolog-Prozeduren dagegen werden als Folgen von Klauseln angesehen, und daher wird T(P,G) als geordneter Baum eingeführt.

4 Parallele Logische Sprachen

Ähnlich wie im sequentiellen Fall besteht das Ziel der Auswertung eines parallelen logischen Programms darin, Zielklauseln mit Hilfe von Programmklauseln durch Resolution und Unifikation auf die leere Klausel zu reduzieren. Im Unterschied zu Prolog z.B. erfolgt die Auswahl einer Klausel für den nächsten Reduktionsschritt - vergleichbar mit der Auswertung eines ALT-Prozesses in Occam - anhand einer parallelen Suche, die sich auf die Guards der a priori gleichmöglichen Klauseln einer Prozedur bezieht (oder-parallele Suche).

4.1 Synchronisation und Read-Only-Unifikation

Für parallele logische Sprachen ist charakteristisch, daß sie Parallelisierungen auf der Grundlage von Strömen (Stromparallelität) unterstützen. Stromparallelität setzt eine Kommunikationsform voraus, bei der Bindungen in Form von Inkrementen von einem Prozeß gesendet und von anderen Prozessen empfangen werden. Die hierbei anfallenden Synchronisationen sind durch Bedingungen charakterisiert, die sich auf die Unifikation beziehen. Die Sprachen unterscheiden sich in dieser Hinsicht: Parlog sieht Eingabe- und Ausgabepositionen für die Argumente vor und beschreibt dies durch Mode-Deklarationen der Form

mode p(?,?,!,?,!,!,..)

für Prädikate p (Procedure-Level Synchronization). Die mit ?-*Annotationen* versehenen Positionen sind *Input-Mode*-Positionen, und die anderen sind *Output-Mode*-Positionen. Die Modes sind Grundlage für eine modifizierte Unifikation, die sich getrennt auf Input-Mode-Positionen und nach der Auswahl einer Klausel auf Output-Mode-Positionen bezieht und für jede Teilunifikation "Matching" vorsieht.
In Concurrent Prolog-Programmen beziehen sich die Synchronisationsbedingungen auf Variable und erlauben damit vergleichsweise flexiblere Synchronisationen (Data-Level Synchronization) und Parallelisierungen. Zusätzlich zu den üblichen (Writable-Variable genannt) Variablen sind in Concurrent Prolog-Programmen Read-Only-

Variablen X? in Termen erlaubt. Der Read-Only-Operator ? wird als Abbildung der Writable-Variablen X auf die Read-Only-Variablen X? angesehen. Er vermittelt eine eindeutige Korrespondenz zwischen Writable- und Read-Only-Variablen. Die Abbildung läßt sich auf Terme ausdehnen, indem alle von Writable-Variablen verschiedene Zeichen auf sich abgebildet werden, d.h. z.B. f(a,Y)?=f(a,Y?), Y??= Y?.

Read-Only-Unifikation

Die Read-Only-Unifikation bezieht sich auf Terme T_1, T_2, die zusätzlich zu "normalen" Writable-Variablen auch Read-Only-Variablen enthalten dürfen. Intuitiv besagt die Synchronisationsbedingung für Concurrent Prolog, daß diese Variablen durch Unifikationen keine Bindungen durch nichtvariable Terme erfahren dürfen. Ergibt sich eine Situation, in der dies doch erfolgen soll, dann ist der zugehörige Aufruf zu suspendieren. Für eine Reaktivierung werden Bindungen für gleich benannte Writable-Variable benötigt, die durch parallele Teilziele erzeugt werden. Genauer wird erwartet: eine Unifikation der Variablen X? mit einem Term T führt zur Suspendierung des laufenden Prozesses P, falls T keine Writable-Variable ist. Anderenfalls ist die Unifikation erfolgreich mit dem Unifikator μ={(T,X?)}.

<u>Beispiel</u>:

Die Unifikation von X? mit a suspendiert; die von f(X,Y?) mit f(a,Z) liefert den Unifikator μ={(X,a),(Z,Y?),(X?,a), (Z?,Y?)}. Die Elemente (X?,a), (Z?,Y?) in μ entstehen durch Ergänzung des durch Unifikation erzeugten mgu; vgl. dazu die fogende Definition.

<u>Definition 10</u>

Ein <u>Read-Only-Unifikator</u> μ von T_1, T_2 ist eine Substitution μ mit:

(a) $\mu_1 := \mu \cap \{(X,T) \mid X$ writable Variable$\}$ ist mgu von T_1, T_2

(b) $\mu = \mu_1 \cup \{(X?,T?) \mid (X,T) \in \mu\}$

Die Eigenschaft (a) besagt, daß bei einer erfolgreichen Read-Only-Unifikation keine Bindungen für Read-Only-Variablen erzeugt werden dürfen. (b) erlaubt ggf. eine Reaktivierung suspendierter Teilziele P. Hat X? mit (X?,T) $\in \mu$ ein Vorkommen in P, dann kann für P nach Ersetzen von X? durch T? ein neuer Unifikationsversuch gestartet werden.

Die Read-Only-Unifikation kann mit Hilfe eines modifizierten Unifikationsalgorithmus (vgl. Abschnitt 2 dieses Kapitels) implementiert werden. Die Modifikationen betreffen:

(iii) a1) Enthält die Unterscheidungsmenge eine writable Variable X und einen Term t ohne Vorkommen von X, dann ist (X,t) weiteres Substitutionselement der bereits gewonnenen Substitution.

a2) Trifft a1) nicht zu und enthält die Unterscheidungsmenge eine Read-Only-Variable X? und einen Term t, dann terminiert die Unifikation mit dem Suspendierungs-Ergebnis.

b) Ansonsten terminiert die Unifikation mit einem Fehlschlag.

Ist der Unifikator μ_1 schließlich gewonnen, dann ist $\mu=\mu_1\cup\{(X?,T?) | (X,T) \in \mu\}$ der gesuchte read-only-mgu.

4.2 Prozeßmodell

Die Literatur umfaßt eine Fülle von Konzepten und Modellen, die für eine jeweils vorgeschlagene Parallelisierung als Grundlage von Implementationen verwendet werden können. Die Spannweite reicht von erweiterten abstrakten Maschinenmodellen [War 83] aus dem sequentiellen Bereich [Herm 86] über Prozeßmodelle [Con 83][RaKa 89][Szer 89], Datenflußkonzepte [HaAm 84] bis hin zu dezidierten Hardwareentwicklungen [Abe et al. 87][Na et al. 85][DDP 84]. Für parallele Sprachen sind Prozeßmodelle grundlegend. Ihre Spezifikation kann sich am Und/Oder-Baum orientieren.

Das Grundschema sieht nach [Con 83] eine dynamische und baumförmige Struktur von kooperierenden Prozessen für die im Und/Oder-Baum jeweils durchlaufenen Knoten vor. Zur Auswertung einer Zielklausel wird ein Und-Prozeß angelegt, dessen Aufgabe in der Erzeugung und Überwachung von Oder-Prozessen für jedes Teilziel und der Rückgabe von Ergebnissen besteht. Die Kontrolle legt dabei fest, inwieweit eine und-parallele Auswertung der Teilziele erfolgt. Zur Auswertung eines Aufrufs A werden vom zugeordneten Oder-Prozeß Und-Prozesse für die Klauseln C=H:-B der zugehörigen Prozedur erzeugt und gestartet. Die Aufgabe dieser Prozesse besteht darin, die Unifikation von A, H durchzuführen und im Erfolgsfall die Auswertung der Literale in B zu veranlassen, zu steuern und gewonnene Bindungen weiterzureichen. Die Kommunikation basiert auf Kanälen, die durch geteilte Vorkommen von Variablen in unterschiedlichen Literalen definiert sind. Erfolgt der Transfer eines Substitutionselements, dann ist der verwendete Kanal i.a. durch eine Reihe neuer Kanäle zu ersetzen. Diese ergeben sich aus den Vorkommen der Variablen im transferierten Bindungsterm. Handelt es sich um einen Grundterm, dann entstehen keine neuen Kanäle, und der benutzte Kanal verschwindet.

Der dynamische Ablauf ist damit durch ein Netzwerk von Prozessen gekennzeichnet, deren Startsituation durch die vorgelegte Zielklausel $Z_1,..,Z_k$ definiert ist. Für jedes Z_i bildet sich mit Z_i als Wurzel eine dynamisch wachsende und sich zusammenziehende baumartige Struktur von Prozessen aus, deren Kanalverbindungen zwischen Vater- und Sohnknoten resp. zwischen Sohnknoten untereinander verlaufen. Erzeugte

Variablenbindungen ergänzen durch Kommunikation die Resultatsubstitution und bewirken bei ihrem Transfer die erwähnte Modifikationen der Kanalstruktur.

Kontrollnachrichten
Wir beschreiben das Prozeßmodell für Concurrent Prolog umgangssprachlich auf der Grundlage eines synchronen Nachrichtenaustauschs für die Ablaufkontrolle und den Transfer erzeugter Bindungen. Erfolgreiche Auswertungen werden durch Success- und fehlschlagende durch Fail-Nachrichten charakterisiert. Zur Terminierung von Prozessen dienen Cancel-Nachrichten.

Success-Nachrichten
werden von Kindprozessen an zugehörige Vaterprozesse gesendet. Sie vermitteln die Tatsache, daß ein Teilproblem (Teilziel im Fall eines Oder-Prozesses, durch rechte Seite einer Klausel gegebene Folge von Teilzielen im Fall eines Und-Prozesses) gelöst ist. Die zusammen mit der Nachricht übertragenen Daten sind die gewonnenen Variablenbindungen.

Cancel-Nachrichten
Werden keine weiteren Lösungen benötigt, dann lassen sich Kindprozesse mit Hilfe von Cancel-Nachrichten terminieren.

Fail-Nachrichten
Eine Fail-Nachricht vom Oder-Prozeß (an den zugehörigen Vater-Prozeß) besagt, daß sich für das zugehörige Teilziel keine (weitere) Lösung finden läßt. Der Oder-Prozeß kann aufgegeben werden (cancel). Wird die Nachricht von einem Und-Prozeß ausgelöst und ist C die zugeordnete Klausel, dann bedeutet dies für den vom Vater-Prozeß verwalteten Aufruf A: eine Anwendung von C auf A liefert kein (weiteres) Ergebnis.

Für die Implementation paralleler logischer Sprachen werden noch Commit-Nachrichten benötigt:

Commit-Nachrichten
gehen von Oder-Prozessen aus und sind an nachliegende Und-Prozesse gerichtet. Sie besagen, daß die dem Und-Prozeß zugeordnete Klausel ausgewählt ist, um im nächsten Ableitungsschritt verwendet zu werden.

Zur Präzisierung eines Prozeßmodells sind Einzelheiten zur Ablaufsteuerung, zum Datentransfer, zum Scheduling und zur Synchronisation festzulegen. Bei einer

Anwendung der Konzepte auf Prolog z.B. werden die Und-Prozessen zugeordneten Aufrufe sequentiell bearbeitet. Oder-Prozesse verwalten die Klauseln der zugehörigen Prozedur und verwenden zur Reduktion in textueller Reihenfolge stets die nächste verfügbare Klausel. Parallele logische Sprachen dagegen setzen ein Scheduling von Prozessen voraus, welches für Oder-Prozesse eine Oder-parallele Suche nach der nächsten anwendbaren Klausel und für Und-Prozesse eine parallele Auswertung von Teilzielen vorsieht. Wir beschreiben Einzelheiten zu einem parallelen Modell im Zusammenhang mit einer Semantik für Concurrent Prolog.

4.3 Concurrent Prolog

4.3.1 Syntax

Die Programm-Klauseln sind *guarded Klauseln* und haben die Form

H :- G|B.

bestehend aus dem Kopf H, dem Guardteil G, Committed-Choice-Operator | und dem Bodyteil B. H ist ein atomares Literal, und G wie auch B ist Und-Verknüpfung von Guards $G = G_1,...,G_r$ bzw. Körperliteralen $B = B_1,...,B_m$, wobei die G_i und B_j positive Literale sind. Terme dürfen im Unterschied zu denen der Horn-Klausel-Logik zusätzlich Read-Only-Variable enthalten. Die erwähnten parallelen Sprachen verfügen über *flache* Versionen -Flat Parlog, Flat Concurrent Prolog (kurz: FCP), Flat GHC, bei denen als Guards lediglich einfache, vordefinierte Prädikate zur Beschreibung der Gleichheit, Ungleichheit, arithmetischer Operationen u.ä. zugelassen sind. Von den Variablen im Guardteil G der Klauseln H:-G|B eines FCP-Programms wird erwartet, daß sie im Klauselkopf vorkommen.

Der Implementationsaufwand des Auswahlmechanismus hängt davon ab, inwieweit Aufrufe durch die Auswertung der Guards verändert werden dürfen. In dieser Hinsicht unterscheiden sich die Sprachen. Für korrekte Parlog- resp. GHC-Programme wird erwartet, daß durch die Unifikation und die Auswertung der Guards keine Bindungen im Aufruf erzeugt werden. Im Fall von Concurrent Prolog ist die Erzeugung von Bindungen erlaubt, sie werden allerdings zurückgehalten und bleiben solange unwirksam, bis die Auswahlentscheidung getroffen ist. Nichtflache Sprachen gestatten darüber hinaus vom Benutzer definierte Guards beliebiger Komplexität. Zur Vereinfachung sei im folgenden von FCP ausgegangen.

4.3.2 Semantik

Für die Auswahl der nächsten Klausel im Rahmen einer Ableitung werden parallel für alle Klauseln der anwendbaren Prozedur Unifikationen der jeweiligen Kopfprädikate mit dem Aufruf und eine parallele Auswertung der Guards veranlaßt. Ergeben sich Kandidatenklauseln mit zutreffenden Guardteilen, dann wird durch Ausführen des Committed-Choice-Operators eine Klausel ausgewählt. Es wird ein nächster Reduktionsschritt durchgeführt, der durch Backtracking nicht rückgängig gemacht werden kann. Sollten mehrere Kandidatenklauseln zur Verfügung stehen, dann erfolgt die Auswahl nichtdeterministisch.

Ein Prozeßmodell für Flat Concurrent Prolog

Für einen Und-Prozeß ist zu unterscheiden, ob er zur Verwaltung einer vom Benutzer vorgegebenen Zielklausel oder einer Programmklausel vorgesehen ist. Im ersten Fall sind im wesentlichen parallel ablaufende Oder-Prozesse für die Teilziele zu generieren, und es sind die Ergebnisse abzuwarten. Die Form der geschützten Klauseln C=H:-G|B hat zur Folge, daß Und-Prozesse zu C zwei Phasen durchlaufen. Die erste hat die Aufgabe, eine Unifikation durchzuführen und die Auswertung der Guards zu veranlassen. Ergibt sich dabei ein Fehlschlag, dann kann die weitere Verwendung von C aufgegeben werden; die für C erzeugten Prozesse können terminieren. Weiter besteht die Möglichkeit, daß die Unifikation zu suspendieren ist. In diesem Fall wird der Prozeß zu C angehalten, und es werden fehlende Bindungen von parallelen Prozessen abgewartet. Die Klausel C schließlich kommt in die nähere Auswahl für den nächsten Reduktionsschritt, falls sowohl die Unifikation wie auch die Auswertung der Guards erfolgreich abgeschlossen ist. Zur Auswertung der Guards von C werden Oder-Prozesse generiert. Die Verwendung ausschließlich eingebauter Prädikate als Guards erlaubt dabei die Auswertung des jeweiligen Guards durch den zugehörigen Oder-Prozeß, ohne daß weitere Prozesse generiert werden müssen.
Der Übergang zur zweiten Phase kann erfolgen, falls vom Vater-Prozeß ein Commit-Signal abgesendet und vom Prozeß empfangen ist. In diesem Moment können die im Verlauf der Guardauswertung gewonnenen Bindungen angewendet und an Parallelziele weitergegeben werden. Die Aufgabe des Vater-Prozesses besteht in dieser Situation u.a. darin, die konkurrierenden Und-Prozesse zu alternativen Klauseln zu terminieren. Für den verbliebenen Und-Prozeß besteht nun die Möglichkeit, parallele Oder-Prozesse für die Literale im Körperteil von C zu erzeugen und zu starten. Diese haben die Aufgabe, eine Auswertung der zugeordneten Aufrufe zu veranlassen und Ergebnisse zurückzuliefern. Für diese Zwecke werden parallele Und-Prozesse für die Klauseln der jeweils zugehörigen Prozedur eingerichtet mit dem Ziel, jeweils eine Kandidatenklausel für weitere Ableitungsschritte auszuwählen.

Wir beschreiben im folgenden Einzelheiten zur Ablaufsteuerung in Kurzform und verzichten dabei auf Details, die mit der dynamischen Anlage und Aufgabe von Kanälen und der Kommunikation über diese Kanäle zusammenhängen. Entsprechende

Operationen sind mit der Generierung von Prozessen und dem Transfer von Bindungen zwischen Prozessen verbunden. Eine Präzisierung bezieht sich auf Stellen in der folgenden Prozeßbeschreibung, in denen von der Übernahme von Bindungen eines Prozesses durch einen anderen die Rede ist. Es sei angenommen, daß mit der Übernahme von Bindungen die Anwendung der zugehörigen Substitution und die Bereitschaft zum Transfer der Bindungen an andere Prozesse verbunden ist. Allerdings kann der Fall eintreten, daß inkonsistente Bindungen für verschiedene Vorkommen einer Variablen erzeugt werden. Fehlersituationen dieser Art werden im Prozeßmodell nicht erfaßt.

Und-Prozeß
Sei P Und-Prozeß.
Unterscheiden, ob eine Anfrage oder eine Klausel zugrunde liegt.
Anfrage:
Im Fall einer Anfrage A sind folgende Schritte durchzuführen:
Erzeugen und Starten paralleler Oder-Prozesse (Kindprozesse) für die Teilziele von A
(*) Warten auf Ergebnisse oder Steuersignale
falls Fail-Nachricht von einem Kindprozeß:
- Cancel-Nachrichten an alle Kindprozesse
- Fail-Nachricht an den Benutzer
- Terminieren
falls Success-Nachricht von einem Kindprozeß K
- Registrieren
- von K gewonnene Bindungen übernehmen
- Cancel-Nachricht an K
- Existieren weitere Kindprozesse?
Ja: zurück nach (*)
Nein: Ergebnissubstitution zurückgeben
Terminieren

Klausel:
Sei A ein Aufruf, der vom übergeordneten Oder-Prozeß Q verwaltet wird und C=H:-G|B zugrunde liegende Klausel der Prozedur zu A mit $G=G_1,..,G_k$ und $B=B_1,..,B_m$
1. Phase: Unifikation und Auswertung der Guards
(**) a) Read-Only-Unifikation von A, H
falls Fehlschlag:
- Fail-Nachricht an Q
- Warten auf Steuersignale von Q
falls Cancel-Signal von Q
- Terminieren
falls Suspendierung:
- Warten auf Ergebnisse oder Steuersignale von Q
falls Cancel von Q
- Terminieren
falls Bindungen von Q
- Übernahme erzeugter Bindungen
- zurück nach (**)
falls Erfolg:

- nach b)

b) Erzeugen und Starten paralleler Oder-Prozesse Q_j für die G_j, sofern Guards in C vorgesehen sind.

Für k=0:

- Success-Nachricht an Q
- Warten auf Steuersignale von Q
  falls Cancel
  - Terminieren

  falls Commit
  - 2. Phase

Für k>0:

(***) Warten auf Steuersignale oder Ergebnisse

falls Cancel-Signal von Q
- Terminieren

falls Fail-Nachricht von einem Q_j
- Fail an Q senden
- Cancel-Signale an alle Q_r
- Warten auf Steuersignale
  falls Cancel von Q
  - Terminieren

falls Success-Nachricht von einem Q_j
- Registrieren
- Übernahme erzeugter Bindungen von Q_j
  Weitergabe höchstens an die Q_r
- Cancel an Q_j senden
- Existieren weitere Kindprozesse Q_r?
  Ja: zurück nach (***)
  Nein:
  - Succ-Signal an Q senden
  - Warten auf Steuersignal
    falls Cancel
    - Terminieren

    falls Commit
    - Weitergabe erzeugter Bindungen
    - 2. Phase

<u>2. Phase</u>: Auswerten von B, sofern Teilziele B_i existieren.

Für m=0:

- Success an Q
- Warten auf Steuersignale
  falls Cancel
  - Terminieren

Für m>0:

Erzeugen und Starten von Oder-Prozessen R_i für die B_i

(****) Warten auf Steuersignale oder Ergebnisse

falls Fail von einem R_j
- Cancel an alle R_r
- Fail an Q
- Warten auf Steuersignal
  falls Cancel
  - Terminieren

falls Success von einem R_j
- Registrieren

- Übernahme erzeugter Bindungen
- Cancel an R_j
- Existieren weitere Kindprozesse R_l?
  Ja: zurück nach (****)
  Nein: Success-Nachricht an P

Oder-Prozeß

Sei P Oder-Prozeß mit dem zugehörigen Aufruf A und Q übergeordneter Und-Prozeß. Ist A Aufruf eines eingebauten Prädikats, dann erfolgt die Auswertung im Rahmen von P durch einen Algorithmus.
Anderenfalls sind folgende Schritte durchzuführen:

Erzeugen und starten paralleler Und-Prozesse Q_1,..., Q_t für die Klauseln C_1,...,C_t der Prozedur zu A

(*) Warten auf Steuersignale oder Ergebnisse
falls Fail-Nachricht von einem Q_j
- Cancel an Q_j
- Existieren weitere Q_r?
  Ja: zurück nach (*)
  Nein: Fail an Q senden
  - Warten auf Steuersignal
    falls Cancel
    - Terminieren

falls Cancel von Q
- Cancel an alle Q_r
- Terminieren

falls Success von Q_j
Erste Success-Nachricht von Q_j?
Ja: - Auswahl von Q_k unter den Q_i mit einer Success-Nachricht
- Commit-Nachricht an Q_k
- Übernahme erzeugter Bindungen
- Cancel an alle Q_r mit $k \neq r$
- zurück nach (*)

Nein: - Success an Q
- Übernahme erzeugter Bindungen
- Steuersignale abwarten
  falls Cancel
  - Terminieren

Quicksort

Quicksort in der Form

```
(a) quicksort([],[]).
    quicksort([X|Xs],Ys)  :-
        partition(X,Xs?,Littles,Bigs),
        quicksort(Littles?,Ls),   quicksort(Bigs?,Bs)),
        append(Ls?,[X|Bs?],Ys).
```

Programm 2: Quicksort-Klauseln

wird hauptsächlich als Sortierverfahren für Listen von Zahlen in der ersten und Variable zur Aufnahme sortierter Ergebnislisten auf der zweiten Parameterposition verwendet. Der zugehörige Datenfluß ergibt sich aus Bild 2:

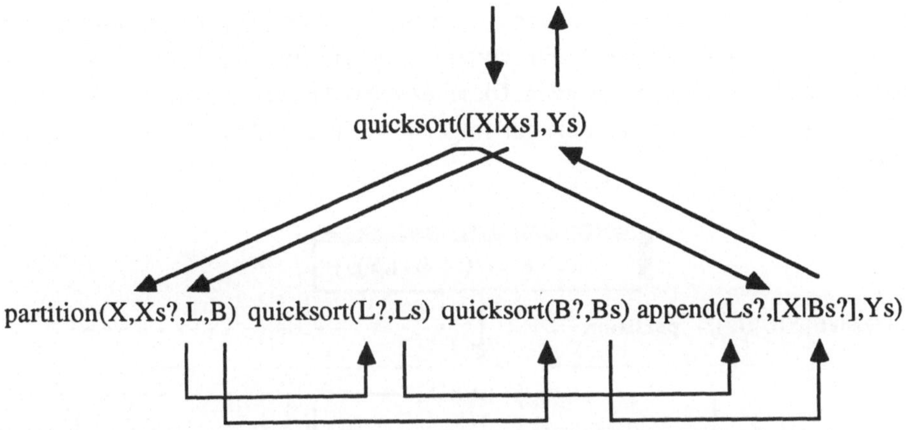

Bild 2: Datenfluß im Quicksortprogramm

Zur Sortierung einer Liste [X|Xs] von Zahlen wird diese mit Hilfe von partition und anhand des Pivot-Elementes X in zwei Teillisten L, B zerlegt. L umfaßt dabei die Elemente von Xs, die kleiner als X sind und B die restlichen. Dies ergibt sich aus den partition-Klauseln:

(b)
```
partition(X,[Y|L],[Y|Li],Lb)  :-  X>Y  |  partition(X,L?,Li,Lb).
partition(X,[Y|L],Li,[Y|Lb])  :-  X≤Y  |  partition(X,L?,Li,Lb).
partition(X,[],[],[]).
```

Programm 3: Partition-Klauseln

Bemerkenswert an den Klauseln ist die Verwendung des Committed-Choice-Operators | anstelle des Cuts. Er hat die beschriebene grundlegende semantische Bedeutung: parallele logische Sprachen nutzen ihn zur Auswahl der nächsten Klausel. Bild 2 zeigt die Divide & Conquer-Struktur von Quicksort: nach Sortierung der Teillisten L, B werden die Ergebnisse Ls, Bs mit Hilfe von append zusammengefaßt:

(c)
```
append([],L,L).
append([X|L1],L2,[X|L3)  :-  append(L1?,L2,L3).
```

Programm 4: Append-Klauseln

Die Klauseln (a), (b), (c) gestatten eine stromparallele Auswertung unter Verwendung von Prozessen zu Quicksort-, Partition- und Append- Aufrufen: jede erfolgreiche Anwendung einer Klausel (b) verlängert entweder L oder B um das anstehende Element Y der Eingabeliste. Diese wird dabei um das Kopfelement Y verkürzt. Im Unterschied zur Prologsemantik kann ein jeweils für L resp. B gewonnenes weiteres Element zur stromparallelen Weiterverarbeitung an einen der beiden rekursiven Quicksort-Aufrufe übergeben werden. Dieser aktiviert die Auswertung eines Partition-Aufrufs, der seinerseits Elemente für folgende Quicksort-Aufrufe zur Verfügung stellt.

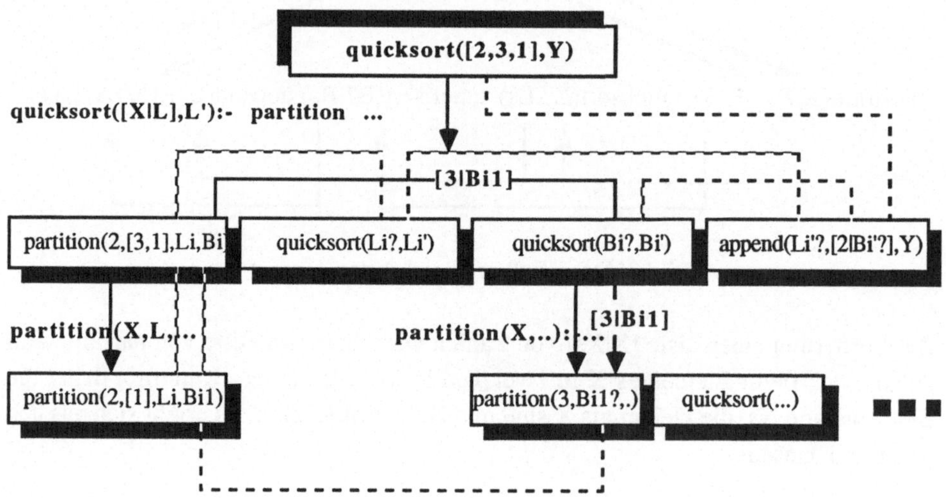

Bild 3: Prozeßgraph zu Quicksort

In der ersten Phase der Auswertung entsteht auf diese Weise eine dynamisch wachsende baumförmige Struktur von Prozessen zu Quicksort-, Partition- und Append-Aufrufen, bis schließlich nur noch Quicksort-Aufrufe mit der leeren Liste als Eingabe auftreten. In Situationen dieser Art werden Bindungen Ls=[ ] entweder für Ls oder Bs=[ ] für Bs im zugehörigen Aufruf append(Ls,[X|Bs],Ys) verfügbar. Im ersten Fall kann der Append-Aufruf durch Anwendung von (c) eliminiert werden. Die dabei erzeugte Bindung Ys=[X|Bs] für Ys ist allerdings zuvor an den übergeordneten Quicksort-Aufruf weiterzuleiten resp. als Ergebnis zurückzugeben. Im zweiten Fall wird append(Ls,[X],Ys) erzeugt, und der zugehörige Prozeß ist solange zu suspendieren, bis erste Elemente der Liste Ls durch "nachliegende" Quicksort-Prozesse zur Verfügung gestellt werden. Bild 3 zeigt eine Momentaufnahme der bei der Auswertung von quicksort([2,3,1],Y) anfallenden Prozesse. Allerdings sind Und-Prozesse zu Klauseln weggelassen. Von den beiden Und-Prozessen der Anfrage liefert der zur ersten Quicksort-Klausel eine Fail-Nachricht. Die im zweiten Und-Prozeß durchgeführte Unifikation ist erfolgreich, und es sind Oder-Prozesse P1, P2, P3, P4 für die Aufrufe partiton(2,[3,1],Li,Bi), quicksort(Li?,Li'), quicksort(Bi?,Bi') und append(Li'?,[2|Bi'?],Y) zu erzeugen. Die Prozesse P2, P3 werden suspendiert und warten auf Bindungen der Read-Only-Variablen Li?, Bi?. In Bild 3 ist die Situation festgehalten, bei der durch Anwenden der zweiten Partiton-Klausel eine Ausgabe [3|Bi_1] als Bindung für Bi gewonnen und die Suspendierung von P3 aufgehoben ist.

5 Programmieren in Concurrent Prolog

Die Vielseitigkeit und Flexibilität logischer Sprachen beruht auf der Unifikation, die eine Reihe von Funktionen imperativer Sprachen durch einen einheitlichen Mechanismus erfaßt:

- Zuweisung an Variable
- Parameterübergabe an formale Parameter
- Rückgabe von Ergebnissen
- Zugriff zu Datenstrukturen
- Zerlegung und Konstruktion von Daten

Parallele logische Sprachen nutzen die Unifikation darüber hinaus für den Nachrichtenaustausch und zur Erzeugung und Verarbeitung von Strömen. Die Adressierung der Kommunikationspartner und die möglichen Nachrichten (Art und Struktur) sind implizit durch die Vorkommen geteilter Variabler, durch die Semantik der Sprache und die zur Beschreibung von Daten verwendeten Terme festgelegt.

5.1 Ströme

Erzeugen von Strömen

Die Implementation eines Stromes kann mit Hilfe von Listen Xs^0=[X1|Xs^1], Xs^1= [X2|Xs^2],... und Klauseln erfolgen, die je Anwendung ein nächstes Listenelement Xi und einen neuen Kanal Xs^i als Ersatz für den zum Transfer von Xi verwendeten Kanal Xs^{i-1} erzeugen.

<u>Beispiel</u>: Auf der Grundlage von

```
integers(N,M,[N|Ns?]) :- N<M, N1=N+1, integers(N1?,M,Ns).
integers(N,N,[N]).
```

Programm 5: Erzeugen von Strömen

führt ein Aufruf von integers(0,m,Xs^0) für m>0 zu Xs^0=[0|Xs^1] und zum rekursiven Aufruf integers(1,m,Xs^1). Der Vorgang wiederholt sich, und es entstehen schrittweise Bindungen Xs^{i-1}=[i|Xs^i] für i=1,..,m-1 und Aufrufe integers(i+1,m, Xs^i). Für i+1=m schließlich ist die zweite integers-Klausel anwendbar, Xs^m wird an m gebunden, und der den Integers-Aufrufen zukommende Prozeß terminiert.

Beispiel:

Das folgende Programm dient zur Erzeugung von Fibonacci-Zahlen:

```
fib (N,Ns)                    :-    fib'(N?,0,1,Ns).
fib'(N,N1,N2,[])              :-    N<N1|.
fib'(N,N1,N2,[N1|Ns'])        :-    N≥N1|N3=N1+N2,fib'(N,N2,N3,Ns').
```

Programm 6: Erzeugen von Fibonacci-Zahlen

Für N=n (n natürlich) liefert ein Aufruf fib(n,Ns) in Ns die Liste der Fibonacci-Zahlen Ns=[f_o,f_1,...,f_n] mit f_o=0, f_1=1, $f_{k+1}=f_k+f_{k-1}$ ($k\geq 1$).

Verarbeitung von Strömen

Ein Prädikat zur Berechnung des inneren Produkts zweier Vektoren hat die Form ip(Xs,Ys,S), wobei den Variablen Xs, Ys im Aufruf die beiden Vektoren zugeordnet werden und mit Hilfe von S der berechnete Wert zurückgegeben wird:

```
ip([],[],0).
ip([X|Xs],[Y|Ys],P)           :-    ip(Xs?,Ys?,P1),  P is P1+(X*Y).
```

Programm 7: Inneres Produkt

Die folgenden mm-Klauseln beschreiben das Matrizenprodukt, wobei Matrizen als Liste von Zeilen und Zeilen als Liste von Elementen dargestellt sind.

```
mm([],Y,[]).
mm([X|Xs],Ys,[Z|Zs])          :-    vm(X,Ys?,Z),  mm(Xs?,Ys,Zs).
vm(Xs,[],[]).
vm(Xs,[Y|Ys],[Z|Zs])          :-    ip(Xs?,Y?,Z),  vm(Xs,Ys?,Zs).
```

Programm 8: Matrizenprodukt

Verzweigen von Strömen

Der folgende Verteiler verfügt über einen Eingabe- und zwei Ausgabekanäle. Über den Eingabekanal werden Botschaften send(i,X) erwartet, die für i=1 auf den ersten und für i=2 auf den zweiten Ausgabekanal zu leiten sind:

```
distribute([send(1,X)|In],[X|Out1],Out2)  :-  distribute(In?,Out1,Out2).
distribute([send(2,X)|In],Out1,[X|Out2])  :-  distribute(In?,Out1,Out2).
distribute([],[],[]).
```

Programm 9: Verzweigen von Strömen

Verschmelzen von Strömen

Zur Beschreibung von Multiplexern z.B. werden Prädikate benötigt, die mehrere Eingabeströme akzeptieren und die angelieferten Elemente über einen Ausgabekanal an einen Empfänger weiterleiten:

```
1.  merge([X|Xs],Ys,[X|Zs])    :-    merge(Xs?,Ys?,Zs).
2.  merge(Xs,[Y|Ys],[Y|Zs])    :-    merge(Xs?,Ys?,Zs).
3.  merge(Xs,[],Xs).
4.  merge([],Ys,Ys).
```

Programm 10: Verschmelzen von Strömen

Für die im Verlauf einer Abarbeitung anfallenden Aufrufe merge(a,b,C) bestehen für nichtleere Eingabeströme stets die Klauseln 1, 2 zur Auswahl. Damit besteht die Möglichkeit, daß ein anstehendes Eingabeelement stets zurückgestellt und die über den anderen Kanal angebotenen Elemente bevorzugt werden. Dies trifft insbesondere dann zu, wenn die Implementation *stabil* ist, d.h. wenn in Fällen, in denen mehrere Auswahlmöglichkeiten bestehen, stets z.B. die textuell erste Klausel zur Reduktion des Ziels herangezogen wird. Für den Programmierer sind Eigenschaften von Wichtigkeit, die ein *faires* Verhalten nichtdeterministischer Abläufe garantieren: anstehende Ereignisse oder zur Durchführung bereite Operationen sollten schließlich stattfinden resp. ausgewertet werden, oder es sollten strengere Forderungen wie z.B. eine Garantie für beschränkte Wartezeiten gesichert sein. Im Fall einer stabilen Implementation kann durch Modifikation der Annotationen in den Klauseln 1, 2 erreicht werden, daß abwechselnd die eine und dann die andere mit Vorrang gewählt werden.

```
1'.  merge([X|Xs],Ys,[X|Zs])    :-    merge(Ys,Xs?,Zs).
2'.  merge(Xs,[Y|Ys],[Y|Zs])    :-    merge(Ys?,Xs,Zs).
```

Verwendet man dieses Konzept zur Verschmelzung mehrerer Ströme, dann erhält man ein Round-Robin-Scheduling-Verfahren:

```
merge(X1,X2,...,[X|Xi],...,Xn,[X|Ys]) :- merge(X2,X3,...,Xi?,...,Xn,X1,Ys).
```

Die Priorität rotiert zwischen den Strömen: die höchste wird zur kleinsten, und die anderen Prioritäten wachsen um 1.

Back Communication

Eine bidirektionale Kommunikation, vergleichbar mit einem "remote procedure call" zwischen zwei Prozessen, kann durchgeführt werden, indem einer der beiden für eine geteilte Variable eine unvollständige Nachricht generiert, die der andere durch Binden der darin enthaltenen Variablen ergänzt.

5.2 Netzwerke von Prozessen

Für die Anfrage

```
:-integers(2,10000,Is), sift(Is?,Ps).
```

wird ein Prozeß generiert, der die Zahlen 2,3,...,10000 in der natürlichen Reihenfolge erzeugt und sie einzeln zur Übernahme und Verarbeitung durch den Sift-Prozeß auf dem Kanal Is zur Verfügung stellt. Die Verarbeitung von [2,3,4,...,10000] erfolgt auf der Grundlage von

```
sift([P|Is],[P|Out1?])        :-   filter(Is?,P,Out),  sift(Out?,Out1).
sift([],[]).
```

Die Klauseln zu integers und sift beschreiben zusammen mit

```
primes(M,Ps)                  :-   integers(2,M,Is),sift(Is?,Ps).
filter([N|Is],P,Out?)         :-   N mod P=0 | filter(Is?,P,Out).
filter([N|Is],P,[N|Out?])     :-   N mod P≠0 | filter(Is?,P,Out).
filter([],P,[]).
```

Programm 11: Concurrent Prolog-Programm zum Siebverfahren nach Eratosthenes

ein Concurrent Prolog-Programm zum Siebverfahren nach Eratosthenes.
Das Filter-Prädikat charakterisiert Prozesse, welche die Rolle von *Transducern* übernehmen: der zweite Parameter wird als Primzahl angesehen, deren Vielfache aus dem über das erste Argument angelieferten Eingabestrom [N|Is] herauszufiltern sind. Dies geschieht elementweise, indem je Element ein rekursiver Filter-Aufruf erzeugt wird: für N mod P = 0 bleibt die Ausgabeliste Out unverändert, und für N mod P ≠ 0 dient das anstehende Element N zu deren Aufbau [N|Out]. Das gewonnene Sieb ist Eingabe für einen weiteren Sift-Prozeß, der den nächsten Siebdurchgang veranlaßt. Die Terminierung der Prozesse wird durch Fakten beschrieben. Sie sichern die Terminierung, sobald die jeweiligen Eingabeströme verarbeitet sind. Im Unterschied zum Occam-Programm erfolgt hier eine dynamische Generierung der Filter-Pipeline. Die expliziten Kommunikationsanweisungen fallen weg; ihre Rolle wird durch geteilte Variable wahrgenommen.

Beispiel:

Typischerweise wird das Problem "Türme von Hanoi" durch einen Divide-and-Conquer-Algorithmus in rekursiver Weise gelöst. Als Concurrent-Prolog Programm hat diese Lösung ein Aussehen der Form:

```
1.   hanoi(1,A,B,(A,B)).
2.   hanoi(N1,A,B,(Before?,(A,B),After?))
       :- N1>1|N = N1-1,free(A,B,C),hanoi(N,A,C?,Before),hanoi(N,C?,B,After).
3.   free(a,b,c).    free(a,c,b).    free(b,a,c).
4.   free(b,c,a).    free(c,a,b).    free(c,b,a).
```

Programm 12: Türme von Hanoi

Das Prädikat hanoi(N,A,B,S) beschreibt: die auf A befindlichen N Scheiben werden nach B unter Zuhilfenahme von C tranferiert, und S erhält als Bindung die dabei anfallenden Einzelübertragungen in Form von Paaren (X,Y) der oberen Scheibe von Turm X auf den Turm Y. Die dabei zulässigen Tripel (A,B,C) mit A,B,C ∈ {a,b,c} werden durch free erfaßt. Für N=1 kann die Übertragung explizit erfolgen (Klausel 1), während für N1>1 (Klausel 2) ein Transfer von N Scheiben von A nach C, eine explizite Überführung der auf A verbliebenen Scheibe nach B und ein anschließender Transfer der auf C zwischengelagerten Scheiben nach B erfolgt.
Die Auswertung eines Aufrufs hanoi(n,a,b,X) für n>1 führt zu einem binären Prozeßbaum der Tiefe n-1 für Aufrufe hanoi(m,..,..,..) mit 1≤m≤n und einem Kommunikationsnetz, welches die Bindung für X von unten nach oben aufbaut.

5.3 Dynamische Datenstrukturen

Datenstrukturen in sequentiellen Sprachen sind charakterisiert durch Typen für zugrunde liegende Daten und Operationen, die auf Daten der Struktur angewendet werden dürfen. Eine Übertragung der Konzepte kann mit Hilfe reaktiver Prozesse erfolgen: die Daten werden durch Terme und die Operationen mit Hilfe von Nachrichten beschrieben, deren Empfang die gewünschten Zustandsänderungen hervorrufen.

Stack

Stacks bestehen aus geordneten Folgen von Elementen, für die Operationen pop, push und empty definiert sind. Zur Beschreibung dienen Klauseln der Form:

```
1.   stack(Xs)                          :-   stack(Xs?,[]).
2.   stack([pop(X)|Xs],[X|S])           :-   stack(Xs?,S).
3.   stack([push(X)|Xs],S)              :-   stack(Xs?,[X|S]).
4.   stack([empty(true)|Xs],[])         :-   stack(Xs?,[]).
5.   stack([empty(false)|Xs],[X|S])     :-   stack(Xs?,[X|S]).
6.   stack([],[]).
```

Programm 13: Concurrent-Prolog-Implementation von Stacks

Für einen Aufruf stack(Xs?) wird ein Prozeß erzeugt, der durch die Verwendung von 1. den Stack als leere Liste erzeugt und der die durch Xs vermittelten Nachrichten pop(...), push(...) und empty(...) nach den Regeln 2 - 5 verarbeitet und dabei einen Stack aufbaut, dessen Zustand durch den jeweils akzeptierten Nachrichtenstrom gegeben ist. Typischerweise sind Variablen X in Nachrichten push(X) an Elemente e gebunden, so daß eine sich auf e im Stack beziehende Pop-Nachricht pop(X) die Bindung X=e an den Sender zurückliefert. Aufgrund der Read-Only-Annotationen suspendiert der Prozeß, sofern keine weiteren Nachrichten angeboten werden. Er terminiert aufgrund von 6., sobald die Liste der Eingaben abgearbeitet ist.

In den folgenden Klauseln dient ein Stack zur Analyse einer ausgewogenen Klammerung:

```
balanced(X)                          :- balanced(X,Y),stack(Y).
balanced(['('|X],[push('(')|Y])      :- balanced(X?,Y).
balanced([')'|X],[ pop('(')|Y])      :- balanced(X?,Y).
balanced([],[]).
```

Programm 14: Concurrent-Prolog-Porgramm zur balancierten Klammerung

Warteschlange

Für die Implementation eines Puffers für die von Client-Prozessen erzeugten Anfragen an Server-Prozesse werden Warteschlangen benötigt. Sie lassen sich beschreiben durch:

```
1.  queue(S)                                    :- queue(S,X,X).
2.  queue([dequeue(X)|S],[X|Newhead],Tail)      :- queue(S?,Newhead,Tail).
3.  queue([enqueue(X)|S],Head,[X|NewTail])      :- queue(S?,Head,Newtail).
4.  queue([],-,-).
```

Programm 15: Concurrent-Prolog-Implementation von Warteschlangen

Ein Aufruf queue(S?) führt nach Anwendung der ersten Klausel zu einem Prozeß für queue(S?,X,X). Die Variablen X auf der zweiten resp. dritten Parameterposition dienen zur Aufnahme von Listen für die durch Dequeue-Nachrichten der Warteschlange entnommenen resp. für die durch Enqueue-Nachrichten dort abgelegten Anfragen. Die Differenz beider Listen (zweite Liste minus erste Liste) beschreibt die jeweils erzeugte Warteschlange. Diese Interpretation trifft auf die Initialisierung und die durch die Klauseln 2., 3. beschriebenen Operationen zu. Die Initialisierung der Listen durch die gleiche Variable kennzeichnet, daß ihr Aussehen zunächst unbestimmt und die Differenzliste leer ist. Die durch Enqueue-Nachrichten bewirkte

Listenerweiterung entspricht der Ablage eines Elementes am Ende der Queue, während die einer Dequeue-Nachricht die Entnahme des Kopfelementes charakterisiert. Typischerweise haben Enqueue-Nachrichten ein Aussehen der Form enqueue(e) für Anfragen e, während X in Dequeue(X)-Nachrichten ungebunden ist und durch die Anwendung von 2. eine Bindung erfährt. Die symmetrische Behandlung der Dequeue- und Enqueue-Nachrichten in 2., 3. erlaubt Anfrageströme, bei denen die Zahl der Dequeue-Nachrichten die der Enqueue-Nachrichten übersteigt. Es entstehen Aufrufe der Form queue(S?,V,[X1,X2,..., Xn|V]), wobei die Variablen Xi Kanäle kennzeichnen, die der Reihe nach für folgende Enqueue(e)-Nachrichten verwendet werden. Sie charakterisieren die Tatsache, daß Server-Prozesse Dienstleistungen für Anfragen anbieten, die erst in der Zukunft entstehen.

6 Anmerkungen zur Literatur

Für den Stoff des Kapitels sind Darstellungen der formalen Logik von Interesse, in denen algorithmische Aspekte der Beweistheorie und insbesondere der Resolutionsmethode zum Tragen kommen [Gal 86]. Das Resolutionsverfahren ist von J.A. Robinson [Rob 65] eingeführt und in einer großen Zahl von Arbeiten [ChLe 73] untersucht worden. Für das logische Programmieren ist die SLD-Resolution maßgebend. Das Verfahren und seine Eigenschaften sind im Buch von J. W. Lloyd [Llo 84] ausführlich dargestellt. Für Prolog gibt es eine große Zahl von Lehrbüchern. Erwähnt sei das Buch [ClMe 81] von Clocksin-Mellish und das von Sterling-Shapiro [StSh 86]. Ein Überblick über parallele Techniken für logische Sprachen, zugehörige Auswertungsmodelle und Architekturen findet sich in Kurfeß [Kur 91]. Die parallelen logischen Sprachen sind in einer Reihe von Zeitschriftenartikeln und Büchern beschrieben. Für Concurrent Prolog sind die beiden von E. Shapiro herausgegebenen Sammelbände [Sha 87] und der Übersichtsartikel [Sha 89] maßgebend. PARLOG [ClGr 86] ist von K. Clark, S. Gregory eingeführt, GHC ist von K. Ueda [Ueda 85] und P-Prolog von R. Yang, H. Aiso [YaAi 87] definiert. Das Prozeßmodell zur Beschreibung der Semantik logischer Sprachen geht auf J.S. Conery [Con 83] zurück.

Kapitel VII

Linda

1 Einleitung

Linda ist keine Programmiersprache. In [Gel 85][CaGe 89a][CaGe 89b] werden vielmehr Sprachkonstrukte zur Prozeßkommunikation eingeführt, die sich unter Beachtung des jeweiligen Typkonzepts in konventionelle Sprachen wie C, C++, Modula-2, FORTRAN etc. integrieren lassen. Es entstehen parallele Programmiersprachen C-Linda, FORTRAN-Linda etc., die eine explizite parallele Programmierung in C etc. ermöglichen. Bemerkenswert ist das Kommunikationsmodell, nach dem der Austausch von Daten durch einen Assoziativspeicher - den *Tuple-Space-* vermittelt wird. Der Speicher übernimmt die Rolle einer Mailbox, über die durch Ablage (out-Operation) und Entnahme (in-Operation) von Tupeln die Kommunikation zwischen Prozessen abgewickelt wird. Die Prozesse holen sich Daten aus dem Speicher, verarbeiten sie und legen Ergebnisse dort wieder zurück. Linda gestattet die Generierung von Prozessen mit Hilfe von eval-Operationen, deren Wirkung mit der von out vergleichbar ist. Der Unterschied besteht darin, daß zunächst Prozesse generiert werden, die bei Terminierung in Daten übergehen, und die ihrerseits anderen Prozessen als Eingabe dienen können. Die für Linda vorgesehene Kommunikation wird daher in [Gel 85] als *generativ* (generative communication) bezeichnet.
Der üblicherweise durch Adressen und Zellen charakterisierte Speicher wird durch einen Assoziativspeicher ersetzt. Die Speicherelemente sind Tupel symbolischer Daten. Für Leseoperationen (rd-Operation) oder für die Entfernung von Tupeln aus dem Speicher sind Suchmuster (pattern) maßgebend, die sich mit passenden Tupeln "matchen" lassen. Die Ablage von Daten erfolgt asynchron und unabhängig von der Empfangsbereitschaft anderer Prozesse. Diese *zeitliche* Entkopplung hat zur Folge, daß von Seiten eines Empfängers Zugriffe zu Daten erfolgen können, die z.Zt. noch nicht verfügbar sind. In einem solchen Fall ist der betreffende Prozeß zu suspendieren. Der Sender einer Nachricht hinterläßt Daten im Speicher und benötigt keinerlei Information über die Identität und die Allokierung von Empfängerprozessen. Diese *örtliche* Ent-kopplung hat zur Folge, daß Daten im Speicher unabhängig vom erzeugenden Prozeß sind und eine verteilte Datenstruktur bilden können mit Komponenten, die sich parallel verarbeiten lassen.

Zur Implementation des Tuple-Space sind eine Reihe von Aspekten maßgebend:

- Allokierung, Darstellung und Verwaltung der Tupel
- Zugriffe zu Tupeln (Matching)
- Analyse von Kommunikationsstrukturen (Pipeline, Master-Worker,...)
- Aufbau des physikalischen Speichers (geteilt, verteilt)

Im folgenden werden die grundlegenden Eigenschaften der Linda-Operationen, Tupel und Datenstrukturen diskutiert. Anschließend werden die drei Programmiertechniken (Austausch von Botschaften, verteilte Datenstrukturen, lebendige Datenstrukturen) mit grundlegenden Paradigmen zur Parallelisierung (Spezialistenparallelität, Agendaparallelität, Resultatparallelität) in Zusammenhang gebracht. Auf Realisierungen des Tuple-Space und der Linda-Operationen wird nicht eingegangen. Man vergleiche dazu [Car 87[CaGe 86][Lei 89] [Bjo 89][BCG 89][Cog 89a][Cog 89b]. Linda-Maschinen mit dezidierter Hardware werden in [Ahu et al. 88][Kris et al 88] beschrieben.

2 Linda-Operationen

Die Kommunikation und Synchronisation paralleler Prozesse basiert auf Tupeln, die durch Linda-Operationen im Tuple-Space abgelegt und von dort wieder entnommen werden können. Dies setzt die *Atomarität* dieser Operationen voraus. Darüber hinaus lassen sich sog. *lebende* Tupel mit aktiven Prozessen als Komponenten erzeugen, deren Auswertung zu Datentupel führt.
Tupel mit einem Prozeß als Komponente heißen *aktiv*. Die anderen Tupel bestehen lediglich aus Daten und heißen *passiv*. Terminiert ein aktives Tupel, dann geht es in ein passives Datentupel über und kann von Prozessen manipuliert werden. Für diese Zwecke stellt Linda vier Grundoperationen out, in, rd und eval und zwei Prädikate inp, rdp zur Verfügung.
Out(t) dient zur Beschreibung nichtblockierender Sendeoperationen, mit deren Hilfe Daten-Tupel t im Tuple-Space abgelegt werden können. Hierbei ist irrelevant, ob bereits Exemplare von t dort vorhanden sind.
Eine Ausführung von in(s) für ein sog. *template* s löst die Suche nach einem Tupel t aus, daß sich mit s *matchen* läßt. Für diese Zwecke wird s als Muster angesehen. Ist der Match-Vorgang erfolgreich, dann wird eine Substitution für die formalen Parameter in s gewonnen, mit deren Hilfe s und t textuell in Übereinstimmung gebracht werden kann. Besteht bei der Auswertung von in(s) die Auswahl unter mehreren t, dann wird ein t selektiert und aus dem Tuple-Space entfernt. Der in(s) auswertende Prozeß wird suspendiert, falls der Tupel-Space kein geeignetes t enthält. Er kann fortfahren, wenn durch ein out(t) oder durch Terminieren eines aktiven Tupels ein passendes t im Tuple-Space erzeugt ist. Werden zugleich mehrere in's

ausgeführt, die sich auf dasselbe Tupel t beziehen, dann können Race-Conditions auftreten, und es ist i.a. nicht vorhersehbar, welcher in-Aufruf erfolgreich abgeschlossen wird. Sollten mehrere Exemplare t existieren, dann sind Parallelauswertungen einiger oder aller anstehenden in-Operationen möglich.
Die Operation rd(s) ermittelt wie in(s) Tupel t im Speicher, die sich mit s matchen lassen und gibt dabei ggf. gewonnene t zurück. Im Unterschied zu in(s) werden aber keine Tupel aus dem Speicher entfernt.
Eine Auswertung von eval(t) führt zur Abspaltung eines neuen Prozesses, für t vom laufenden Prozeß. Das Tupel t umfaßt in einem solchen Fall häufig Aufgaben, z.B. in Form von Aufrufen, die von dem generierten Prozeß ausgeführt werden sollen. Das Ziel besteht darin, t schließlich in ein Datentupel umzuwandeln. Man spricht von lebenden Tupeln (live tuple), deren Auswertung parallel zu den restlichen Prozessen abläuft.
Rdp(s) und inp(s) schließlich sind Prädikate, mit denen getestet werden kann, ob der Tuple-Space Elemente t enthält, die sich mit s matchen lassen. Je nach Fall wird eine 1 oder eine 0 zurückgegeben.

3 Tupel

Tupel bestehen aus einer Folge von Elementen, denen ggf. unterschiedliche Typen zukommen. Die Elemente können Werte oder formale Parameter des betreffenden Typs sein. Von der ersten Komponente wird erwartet, daß es sich um einen Namen handelt, der zur Identifikation des Tupels herangezogen werden kann.

Beispiel:

a) Durch out("a_string",15.05,17,"another_string") wird ein Tupel ("a_string", 15.05,17,"another_string") im Linda-Speicher erzeugt und kann durch in("a string", ?f, ?i, "another_string") wieder aus dem Speicher entfernt werden; f und i seien dabei formale Parameter vom Real- resp. Integer-Typ. Als Ergebnis ergibt sich die Substitution $\mu = \{(f,15.05),(i,17)\}$

b) Eine Auswertung von rd("a_ string",?f,?i,"another_string") ruft keine Veränderung des Tuple-Spaces hervor; es werden lediglich die Bindungen 15.05 und 17 für f resp. i gewonnen.

c) Lebende Tupel lassen sich mit Hilfe von eval erzeugen; eval("e",7,exp(7)) z.B. führt zur Abspaltung eines Prozesses für das 3-elementige Live-Tupel ("e",7, exp(7)). Die Auswertung der Komponenten liefert "e", 7 und e^7. Sind diese Werte gewonnen, dann terminiert der Prozeß. Das Datentupel ("e",7,e^7) wird im Linda-Speicher abgelegt und kann durch rd("e",7,value) von einem anderen Prozeß gelesen werden.

Ebenso wie Komponenten von Templates aktuale Parameter sein können, sind formale Parameter in Tupeln des Tuple-Spaces erlaubt. Ein erfolgreiches Matchen mit einem Tupel t setzt allerdings voraus, daß die entsprechenden Komponenten in t aktuale Parameter sind. Durch out("P",i:integer,FALSE) wird im Speicher das Tupel ("P",i:integer,FALSE) abgelegt und kann von dort mit Hilfe von in("P",value, FALSE) entfernt werden, sofern value ein aktualer Parameter vom Integer-Typ ist.

4 Verteilte Datenstrukturen

Tupel im Linda-Speicher sind unabhängig vom erzeugenden Prozeß und können zusammen eine verteilte Datenstruktur bilden, die parallele Zugriffe durch Linda-Operationen erlaubt.

Beispiel:
Ein n-elementiger Vektor besteht aus Tupeln der Form: ("V",1,firstel), ("V",2, secondel),..,("V",n,nthel). Lesen erfolgt in der Form rd("V",j, ?x). Durch in("V",j, ?oldvalue); out("V",j,Newvalue) kann die j-te Komponente von V ausgetauscht werden.

Datenstrukturen

Die aus dem sequentiellen Bereich bekannten Datenstrukturen und ihre typischen Einsatzgebiete lassen sich nur begrenzt auf den parallelen Bereich übertragen. In einigen Fällen gewinnen Datenstrukturen im Bereich der parallelen Programmierung an Bedeutung und in anderen spielen sie eine vergleichsweise untergeordnete Rolle. Verantwortlich hierfür ist u.a. die Tatsache, daß Zugriffe zu verteilten Datenstrukturen in paralleler Weise erfolgen können, so daß zur Koordinierung und zur Sicherung der Integrität von Daten ggf. Synchronisationsmaßnahmen ergriffen werden müssen.
Daten können *einfach* sein wie Zahlen, oder sie können *zusammengesetzt* sein wie komplexe Zahlen, Felder, Verbunde, Stacks, Queues, Bäume etc. Für die Manipulation sind Zugriffsmechanismen von Interesse, die davon abhängen, ob

(1) die Elemente ununterscheidbar sind,
(2) die Komponenten durch einen Namen (z.Bsp. records) oder
(3) durch ihre Position unterschieden werden und dabei
(3a) Random-Access-Zugriffe (z.Bsp. arrays) oder
(3b) Zugriffe aufgrund einer Ordnung erlauben (z.B. Listen).

Stukturen mit ununterscheidbaren Elementen: Bags

Bags oder *Multimengen* bezeichnen Strukturen, die sich um Elemente erweitern lassen und denen Elemente entnommen werden können. Die Elemente werden in einer Weise verwendet, die keinen Gebrauch von möglichen Unterschieden macht. Bags spielen im sequentiellen Bereich keine Rolle, sie sind aber für die parallele Programmierung von großer Wichtigkeit: In Master-Worker-Programmen werden von Master-Prozessen z.B. durch out("task",taskdescription) Aufgaben generiert, die von Worker-Prozessen durch in("task",?newtask) aufgegriffen und bearbeitet werden sollen. Die Einzelresultate werden vom Master übernommen und zum Gesamtergebnis zusammengesetzt. Ist dabei die Reihenfolge der gewonnenen Teilergebnisse irrelevant, dann können Bags zur Beschreibung der vom Master erzeugten Aufgaben herangezogen werden.

Beispiel:
Tupel der Form ("sem"), bestehend aus einem Namen, können zur Implementation von Semaphoren dienen: in("sem") entspricht dabei der P- und out("sem") der V-Operation. Zur Initialisierung eines Counting-Semaphors mit dem Anfangswert n ist out("sem") n-mal auszuführen. Es entsteht ein Bag ununterscheidbarer Elemente im Tuple-Space.

Strukturen mit Zugriff über Namen
Records in Pascal entsprechen Tupeln der Form (name,value). Sie können mit Hilfe von rd(name,?val) gelesen und durch in(name,?old); out(name,new) modifiziert werden. Wir betrachten als Beispiel eine C-Linda-Version der Speisenden Philosophen.

Beispiel: Speisende Philosophen.

```
phil(i)
   int i;
{ while(1) { think();
             in("table ticket");
             in("chopstick",i);
             in("chopstick",(i+1)%5);
             eat();
             out("chopstick",i);
             out("chopstick",(i+1)%5);
             out("table ticket"); } }
initialize()
{ int i;
   for (i=0;i<5;i++) {
      out("chopstick",i);
      if (i<4 out("table ticket");
      eval(phil(i)); }
}
```

Programm 1: Speisende Philosophen

Es sind fünf Prozesse zur Modellierung der Philosophen vorgesehen. Vier Tupel ("table ticket") werden zur Eingrenzung der Zahl der jeweils speisenden Philosophen verwendet, und Tupel ("chopstick",i) für i=0,..,4 dienen zur Kontrolle der Stäbchen. Die Tupel übernehmen die Rolle von Semaphoren: der Zugriff zu einem Tupel durch

Linda-In-Operationen erfolgt im gegenseitigen Ausschluß, und Prozesse suspendieren, falls In-Operationen aufgrund fehlender Tupel nicht durchführbar sind.

Strukturen mit wahlfreiem Zugriff

Felder sequentieller Sprachen lassen sich unmittelbar durch Tupel der Form (array name, index fields, value) beschreiben.

Beispiel: Matrizenmultiplikation

Zur Multiplikation zweier Matrizen A∗B=C werden die Elemente a_{ij} und b_{rs} von A resp. B als Tupel ("A",i,j,a_{ij}) resp. ("B",r,s,b_{rs}) im Linda-Speicher von einem Master-Prozeß verteilt. Zugleich erzeugt dieser Prozeß Aufgaben ("nexttask",i,j) für Worker-Prozesse zur Berechnung der Elemente c_{ij} von C. Nach Übernahme von ("nexttask",i,j) durch einen Worker-Prozeß sind die a_{ik} für k=1,..,n und b_{rj} für r=1,..,n einzulesen, das Element c_{ij} ist zu berechnen und in Form eines Tupels bzgl. C auszugeben:

```
for (k=1; k≤n; ++k) {
      rd("A",i,k,?el);  row[k]:=el  };
for (k=1; k≤n; ++k) {
      rd("B",k,j,?el);  col[k]:=el  };
compute cij;
out("C",i,j,cij);
```

Programm 2: Matrizenmultiplikation

Beispiel.: Lebende Struktur

Im folgenden Beispiel werden die Elemente a_{ij} $1 \leq i,j \leq n$ einer Matrix M unter Verwendung einer lebenden Datenstruktur berechnet: hierzu sei angenommen, daß die Elemente a_{ij} für i+j=k+1 der k-ten Gegendiagonalen (k=2,..,2n-1) allein von den Elementen a_{ij} mit i+j=k der (k-1)-ten Gegendiagonalen abhängig sind.

Die Erzeugung einer lebenden Datenstruktur erfolgt in der Form eval("M",i,j, compute(i,j)), wobei die Funktion compute(i,j) unter Verwendung von Leseoperationen rd("M",l,m,?value) für l+m=k die Berechnung von a_{ij} durchführt. Sobald dies geschehen ist, können die der nächsten Gegendiagonalen zugeordneten Prozesse eval("M",i,j,compute(i,j)) mit i+j=k+2 ihre Arbeit aufnehmen.

Die Lösung berechnet die Matrixelemente in Form einer *Wellenfront* (wave-front), die sich parallel zur Nebendiagonalen von der linken oberen zur rechten unteren Ecke der Matrix fortpflanzt.

Zugriff aufgrund einer Ordnung

In einem Client-Server-System dienen Tupel ("request",1,first-request), ("request",2, second-request) etc. zur Beschreibung der jeweils von Clientprozessen erzeugten Anforderungen. Es sei angenommen, daß ein Serverprozeß eine Reihe von Client-

prozessen zu bedienen hat. Das Serverprogramm akzeptiert request-Tupel der Form ("request",index,?req).
Die Indizes dienen zur Steuerung der Reihenfolge, in der ein Server die Anfragen bearbeitet:

```
server()
{ int  index=1;
  ...
  ...
  while(1) { in("request",  index,?req);
                ...
             out("response", index++,response); } }
```

Zur Simulation einer Warteschlange für Anfragen wird ein Tupel ("server index", index) verwendet, welches die jeweilige Gesamtzahl der Anforderungen beschreibt. Die Generierung einer nächsten Anfrage kann dann so erfolgen, daß zunächst der Indexwert im server index-Tupel ermittelt und der inkrementierte Wert zurückgegeben und vom Clienten weiter zur Erzeugung eines request-Tupels genutzt wird. Die Integrität der Daten in Tupeln wird durch die Atomaritätseigenschaften der Linda-Operationen gewährleistet.

```
client()
{ int  index;
  ...
  ...
  in("server  index",?index);
  out("server  index",index+1);
  ...
  ...
  out("request",index,request);
  in("response",index,?response);
  ...
}
```

Programm 3: Client-Server-Programm

5 Programmieren in C-Linda

In [CaGe 89b],[CaGe 90] werden drei Programmiertechniken auf der Grundlage des Nachrichtenaustauschs, unter Verwendung verteilter und lebender Datenstrukturen diskutiert und in einen Zusammenhang mit den grundlegenden Paradigmen

- Spezialistenparallelität
- Resultatparallelität und
- Agendaparallelität

zur Parallelisierung gebracht. Die Paradigmen stellen grundlegende Sichtweisen mit unterschiedlichen Schwer-punkten dar, die sich nicht ausschließen und die sich in Programmen häufig in gemischter Form wiederfinden. Die Resultatparallelität lenkt das Augenmerk auf strukturelle oder geometrische Eigenschaften der Lösung, die Spezialistenparallelität betont die parallele Verwendung spezifischer Verfahren unter Einbezug der Kommunikationsstruktur, und die Agendaparallelität sieht eine Dekomposition und parallele Ausführung einzelner Aktivitäten der Agenda vor. Die drei Paradigmen unterstützen methologisch unterschiedliche Vorgehensweisen zum Entwurf eines parallelen Programms. Für eine Nutzung von Resultatparallelität wird eine Datenstruktur benötigt, die das endgültige Ergebnis wiederspiegelt. Ferner sind parallele Prozesse zur Bearbeitung der Komponenten vorzusehen. Eine natürliche Strukturierung im Sinne des Agenda-Ansatzes besteht darin, Master-Prozesse zur Bearbeitung von Aufgaben der Agenda vorzusehen, die ihrerseits Worker-Prozesse zur parallelen Bearbeitung der einzelnen Aufgaben heranziehen. Zur Beschreibung von Spezialisten-parallelität schließlich eignen sich Netzwerke, deren Knoten Prozesse zur Lösung dezidierter Aufgaben, und deren Kanten Kommunikationswege zwischen Prozessen charakterisieren.

Wir demonstrieren die drei Ansätze anhand von Programmen aus [CaGe 90] zur Berechnung von Primzahlen. Die Aufgabe bestehe darin, die Primzahlen zwischen 2 und einer oberen Schranke LIMIT zu berechnen.

5.1 Resultatparallelität

Die Berechnung von Primzahlen zwischen 2 und LIMIT kann mit Hilfe eines Vektors der Länge LIMIT erfolgen. Den Komponenten j=2,...,LIMIT werden beim Start des Programms Prozesse is_prime(j) zugeordnet, deren Aufgabe darin besteht, die Zahl j auf ihre Primzahleigenschaft zu prüfen. Im Erfolgsfall wird erwartet, daß der Resultatvektor in der j-ten Position eine 1 und sonst eine 0 enthält. Zur Prüfung der Primzahleigenschaft is_prime(j) genügt es, durch den Zugriff auf bereits berechnete Primzahlen die Teilbarkeit von j durch Primzahlen i mit i=2,.., sqrt(j)+1 zu untersuchen (sqrt(j)=ganzzahliger Anteil der Wurzel aus j).

```
#define LIMIT 1000
main()
    { int i, ok, is_prime();
      for (i=2; i<=LIMIT; ++i)
         { eval("primes",i, is_prime(i)) };
      for (i=2; i<=LIMIT; ++i)
         { rd("primes",i,?ok);
           if (ok) printf("%d\n", count); } }

is_prime(me)
    int me;
```

```
{ int  i,lim,ok;
  double sqrt();
   lim=sqrt((double) me)+1;
  for  (i=2;i<lim;++i)
  { rd("primes",i,?ok);
    if (ok && (me%i == 0)) return 0; }
  return 1; }
```

Programm 4: Sieb des Eratosthenes, Resultatparallelität

5.2 Agendaparallelität

Die folgende Lösung des Primzahlproblems hat die Form eines Master-Worker-Programms, wobei zur Optimierung Worker-Prozesse die Aufgabe erhalten, die Primzahlen aus größeren Intervallen von Zahlen herauszufiltern. Sind für ein Intervall I die Primzahlen berechnet und ist k die größte unter ihnen, dann ist mit Hilfe der bisher berechneten Primzahlen eine Untersuchung der Primzahleigenschaft aller Zahlen j mit $j \leq k^2$ möglich, d.h. es können in dieser Situation Intervalle an parallel arbeitende Worker-Prozesse vergeben werden, deren Elemente k^2 nicht übersteigen.

Im Programm dient der sog. Next-Task-Pointer ("next task", start) zur Beschreibung der jeweils vergebenen Intervalle: Start nimmt dabei ausgehend von einem Initialwert first_num Werte first_num+GRAIN, first_num+2*GRAIN etc. an und beschreibt, daß die Intervalle

[first_num, first_num+GRAIN[,

[first_num+GRAIN, first_num+2*GRAIN[etc.

zur Bearbeitung an Worker-Prozesse verteilt sind.

Die Initialisierung der Primzahltabelle primes[LIMIT/10+1], die für die Quadrate dieser Primzahlen p2[LIMIT/10+1] und die von first_num=47+2=49 erfolgt explizit durch Vorbesetzung der ersten 15=NUM_INIT_PRIME Plätze durch die Primzahlen 2,3,5, ...,47 resp. durch 4,9,25,...,2209.

Im folgenden Hauptprogramm werden mit Hilfe von eval("worker",worker()) Worker-Prozesse erzeugt, deren Anzahl als Aufrufargument von main vorgegeben werden kann. Die von Workern gewonnenen Ergebnisse werden in Form eines Tupels ("result", start, my_primes:count) erwartet; my_primes ist ein Feld, und count charakterisiert die Zahl der dort abgelegten Primzahlen. Die Tupel werden vom Master-Prozeß eingelesen, in die Primzahltabelle primes eingearbeitet und in der Form ("primes", num_primes, p, np2) mit np2=p*p für p*p≤LIMIT und np2=-1 sonst im Tuple-Space Worker-Prozessen zur Verfügung gestellt. Die korrekte Terminierung des Master-Programms wird durch Datentupel ("worker",...) gewährleistet. Sie entstehen nach Terminierung der Worker-Prozesse im Tupel-Space und können durch in-Operationen dort eliminiert werden. Nach diesem Schritt kann der Master-Prozeß ebenfalls terminieren.

```
#define GRAIN 2000
#define LIMIT 1000000
#define NUM_INIT_PRIME 15
long primes[LIMIT/10+1] =
{2,3,5,7,11,13,17,19,23,29,31,37,41,43,47};
long p2[LIMIT/10+1] =
{4,9,25,49,121,169,289,361,529,841,961,1369,1681,1849,2209};

main(argc, argv)
     int argc;
     char *argv[];
     { int eot, first_num, i, num, num_primes, num_workers, size,
           worker();
       long new_primes[GRAIN], np2;
        num_workers = atoi(argv[1]);
       for (i=0; i<num_workers; ++i)
           eval("worker",worker());
       num_primes = NUM_INIT_PRIME;
        first_num    = primes[num_primes-1]+2;
       out("next task", first_num);
       eot = 0;
       for (num=first_num; num<LIMIT; num+=GRAIN)
        { in("result", num, ?new_primes:size);
           for (i=0; i<size; ++i, ++num_primes)
              { primes[num_primes] = new_primes[i];
                  if (!eot)
                     { np2 = new_primes[i]*new_primes[i];
                      if (np2>LIMIT
                         { eot=1;
                            np2 = -1; }
                      out("primes", num_primes, new_primes[i], np2);
                  }
              }
        }
       for (i=0; i<num_workers; ++i) in("worker", ?int);
        printf("%d: %d\n", num_primes, primes[num_primes-1]);
     }
```

Programm 5a: Sieb des Eratosthenes (Master), Agendaparallelität

Worker-Prozeß

Worker-Prozesse entnehmen dem Tuple-Space Aufgaben ("next task",?num) und stellen für num≠-1 ihrerseits mit Hilfe von <u>out</u>("next task", limit) - limit=num+ GRAIN falls num+GRAIN ≤ LIMIT und limit=-1 sonst - die nächste Aufgabe zur Verfügung. Im Fall num=-1 sind alle Aufgaben vergeben, und die Worker-Prozesse können terminieren. Die Primzahltests für ein Intervall [start, limit] mit start=num werden vom Worker auf der Grundlage bereits berechneter Primzahlen durchgeführt. Für jedes Element n des Intervalls wird zunächst geprüft, ob die benötigten

Primzahlen zur Verfügung stehen. Dies geschieht durch Lesen der vom Master erzeugten Tupel: rd("primes",num_primes,?primes[num_primes,?p2[num_primes]) mit p2[num_primes]<n. Teilt primes[i] das Element n für ein i<num_primes, dann kann der Primzahltest abgebrochen werden. Anderenfalls ist n Primzahl und wird im lokalen Feld my_primes registriert. Sind alle Primzahlen gewonnen, dann kann das Resultat mit Hilfe von out("result", start, my_primes: count) zur Verfügung gestellt werden.

```
worker()
      { long count, eot, i, limit, num, num_primes, ok, start;
        long my_primes[GRAIN];
        num_primes = NUM_INIT_PRIME;
        eot=0;
        while(1)
          { in("next task", ?num);
            if (num == -1)
              { out("next task", -1);
                return; }
            limit=num+GRAIN;
            out("next task", (limit>LIMIT)?-1:limit);
            if (limit>LIMIT) limit = LIMIT;
            start = num;
            for (count=0; num<limit; num+=2)
              { while (!eot && num>p2[num_primes-1])
                  { rd("primes", num_primes, ?primes[num_primes],
                                              ?p2[num_primes]);
                    if (p2[num_primes]<0)
                      eot=1;
                    else
                      ++num_primes;
                  }
                for (i=1; ok=1; i<num_primes; ++i)
                  { if (!(num % primes[i]))
                      { ok = 0; break; }
                    if (num<p2[i]) break;
                  }
                if (ok)
                  { my_primes[count] = num; ++count; }
              }
            out("result", start, my_primes: count);
          }
      }
```

Programm 5b: Sieb des Eratosthenes (Worker), Agendaparallelität

5.3 Spezialistenparallelität

Zum Entwurf eines C-Linda-Programms kann auf die Occam-Lösung zurückgegriffen werden. Im Unterschied zu Occam erlaubt Linda allerdings eine dynamische Verlängerung der dort verwendeten Pipeline um weitere Siebprozesse. Zur Beschreibung von Strömen werden Tupel ("seg", P, I, Z) herangezogen. P ist Primzahl, und Z ist Ites Element im Strom der Zahlen, aus dem bereits alle Vielfachen kleinerer Primzahlen Q<P eliminiert sind. Die Lösung sieht bei Initialisierung zwei Prozesse source und sink vor.

```
(1)  main()
         { eval("source",  source());
           eval("sink",  sink()); }
```

Source erzeugt sukzessive den Strom

("seg", 3, 1, 5), ("seg", 3, 2, 7), ("seg", 3, 3, 9),..., ("seg", 3,...,0),

wobei das abschließende Tupel ("seg",3,...,0) wie auch weitere Tupel ("seg",P,...,0) dieser Form zur Signalisierung von Stromenden dienen und zur Terminierung von Prozessen herangezogen werden.

```
(2)  source()
         { int i, out_index = 0;
           for (i=5; i<LIMIT; i+=2) out("seg",  3,  out_index++,i);
           out("seg", 3, out_index,0); }
```

Programm 6a: Sieb des Eratosthenes (Source-Prozeß), Spezialistenparallelität

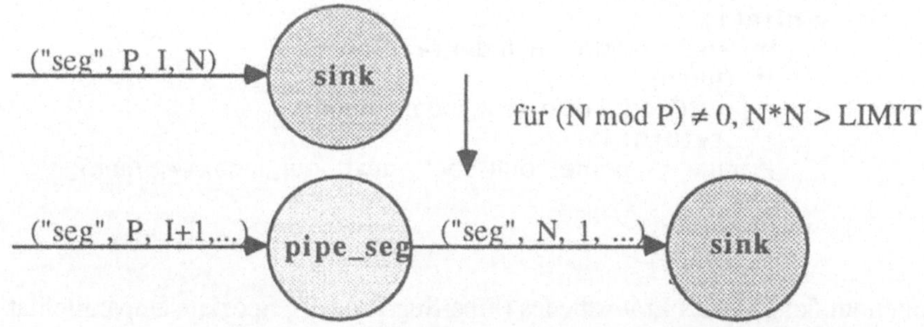

Bild 1: Erzeugen von Sieb-Prozessen, Spezialistenparallelität

Der Sink-Prozess charakterisiert das Ende der Pipeline und nimmt die Filteraufgabe zur jeweils zuletzt gefundenen Primzahl P wahr. Ergibt sich eine nächste Primzahl N mit N*N<LIMIT, dann wird durch Abspaltung eval("pipe_seg", pipe_seg(P,N,I)) ein Prozeß zu pipe_seg(P,N,I) erzeugt und unmittelbar vor den Sink-Prozeß plaziert. I charakterisiert dabei den Index von N im Strom zu P.

```
(3)  sink()
         { int in_index = 0, num, pipe_seg(), prime = 3, prime_count = 2;
           while(1)
             { in("seg", prime, in_index++, ?num);
```

```
            if (!num) break;
            if (num % prime)
                { ++prime_count;
                 if (num*num<LIMIT)
                   { eval("pipe seg", pipe_seg(prime, num, in_index));
                     prime = num;
                     in_index = 0; }
                }
        }
        printf("count: %d.\n", prime_count);
    }
```

Programm 6b: Sieb des Eratosthenes (Sink-Prozeß), Spezialistenparallelität

Der Index I in eval("pipe_seg",pipe_seg(P,N,I)) wird benötigt, um der Prozedur pipe_seg(P,N,I) eine weitere Bearbeitung des Reststroms ("seg", P, J, Zahl) für J>I zu P zu ermöglichen. Die Aufgabe von pipe_seg besteht darin, den Strom der Tupel ("seg", N, out_index, Zahl) für den Sink-Prozeß resp. den nächsten von sink durch Abspaltung erzeugten pipe_seg-Prozeß zu generieren. Die Variable out_index dient dabei zur Indizierung der Elemente dieses Stroms.

```
pipe_seg(prime, next, in_index)
    int prime, next, in_index;
    { int num, out_index = 0;
      while(1)
        { in("seg", prime, in_index++, ?num);
          if (!num)
            { out("seg", next, out_index, num);
              return; }
          if (num % prime) out("seg", next, out_index++, num);
        }
    }
```

Programm 6c: Sieb des Eratosthenes (Pipe-Seg-Prozeß), Spezialistenparallelität

Nach Übernahme des abschließenden Tupels ("seg", P,.., 0) vom Vorgänger resp. vom Source-Prozeß wird das Terminierungssignal für den nächsten pipe_seg-Prozeß generiert, der Prozeß terminiert und geht in das Datentupel ("pipe seg", P, N, I) für einen Index I über.

6 Anmerkungen zur Literatur

Die Linda-Konzepte gehen auf die Dissertation von D. Gelernter (Yale-University) aus dem Jahre 1982 zurück. Die Arbeit [Gel 85] zeigt die flexiblen Anwendungsmöglichkeiten von Linda. [CaGe 89a] stellt die Linda-Konzepte den der funktionalen, objekt-orientierten und parallelen logischen Sprachen gegenüber. [CaGe 89b] diskutiert die erwähnten drei Programmierparadigmen, die in [CaGe 90] aufgegriffen und detaillierter ausgeführt werden. Für Linda-Systeme gibt es eine Reihe von Implementationen [Car 87], [CaGe 86], [Lei 89], [ACGK 88] sowohl für verteilte Systeme[1,2,3] [Bjo 89], [BCG 89], [Cog 89a], [Cog 89b] wie für Shared-Memory-Systeme [4,5,6]. Linda-Maschinen mit dezidierter Hardware für die Linda-Operationen werden in [Ahu et al. 88][Kris et al. 88] diskutiert.

---

1 Cogent Research
2 Intel iPSC-2 hypercube
3 VAX/VMS local area network
4 Encore Multimax
5 Sequent Balance and Symmetry
6 Alliant FX/8

Literatur

[Abe et al. 87]
Abe, S., Bandoh, T., Yamaguchi, S., Kurosawa, K., Kiriyama, K.: High Performance Integrated Prolog Processor IPP, The 14th Annual International Symposium on Computer Architecture, 1987

[AdBo 90]
J.M. Adamo, Ch. Bonello: TeNOR++: A dynamic Configurer for SuperNode Machines, Lecture Notes Computer Science, vol. 457, 1990, pp. 640-651

[Ahu et al. 88]
Ahuja, S., Carriero, J., Gelernter, D., Krishnaswamy, V.: Matching Language and Hardware for Parallel Computation in the Linda Machine, IEEE Trans. on Computers, Vol. 37, No 8, Aug. 1988

[And 91]
G.R. Andrews: Concurrent Programming, The Benjamin / Cummings Publishing Company, 1991

[AnSch 83]
G.R. Andrews, F.B. Schneider: Concepts and Notations for Concurrent Programming , ACM Computing Surveys, 15 (1), 3-43, 1983

[Ben 65]
V.E. Benes: Mathematical Theory of Connecting Networks an Telephone Traffic, Academic Press, 1965

[BCG 89]
R. Bjornson, N. Carriero, D. Gelernter: The Implementation and Performance of Hypercube Linda, Research Report YALEU/DCS/RR-690, March 1989

[BHR 84]
S.D. Brookes, C.A.R. Hoare, A.W. Roscoe: A Theory of communicating sequential Processes, JACM 31, 3, July 1984, 560-599

[Bjo 89]
R. Bjornson: Experience with Linda on the iPSC/2, Research Report YALEU/DCS/RR-698, March 1989

[Bok 81]
S.H. Bokhari: On the mapping problem. IEEE Transactions on Computers, C-30(3):550-557, 1981

[Bri 75]
P. Brinch Hansen: The Programming Language Concurrent Pascal, IEEE Trans. Softw. Eng., SE-1, 2 (June 1975), 199-206

[Bri 78]
P. Brinch Hansen: Distributed Processes: A concurrent Programming Concept, CACM 21, 11 (Nov. 78), 934-941

[CaGe 86]
N. Carriero, D. Gelernter: The S/Net's Linda Kernel, ACM Trans. Comp. Systems, Vol. 4, No 2, May 1986, 110-129

[CaGe 89a]
N. Carriero, D. Gelernter: Linda in Context, CACM, Vol 32

[CaGe 89b]
N. Carriero, D.Gelernter: How to write parallel Programs: a Guide to the perplexed, ACM Comp. Surveys, Vol 21, No 3, Sept. 1989

[CaGe 90]
N. Carriero, D. Gelernter: How to write parallel Programs, The MIT Press, 1990

[Car 87]
N. Carriero: Implementation of Tuple Space Machines, Dissertation, Yale University, Dec. 1987

[ChLe 73]
C. Chang, R.C. Lee: Symbolic Logic and Mechanical Theorem Proving, Academic Press, 1973

[ClGr 81]
K. Clark, S. Gregory: A Relational Language for Parallel Programming, Proc. ACM Conf. on Functional Progr. Lang. and Comp. Arch., 1981, 171-178

[ClGr 86]
K. Clark, S. Gregory: PARLOG: A Parallel Programming in Logic, ACM Trans. Progr. Lang. Systems, Vol. 8, No. 1, Jan. 1986, 1-49

[ClMe 81]
W.F. Clocksin, Ch.S. Mellish: Programming in PROLOG, Springer, 1981

[Cog 89a]
Cogent Research: Kernel Linda Specification, Technical Note 89.17, 1989

[Cog 89b]
Cogent Research: Linda meets Unix, Technical Note, 1989

[Cok 91]
R.S. Cok: Parallel Programs for the Transputer, Prentice Hall, 1990

[Col 79]
A. Colmerauer, H. Kanoui, and M. Caneghem: Etude et Realization d'un System Prolog, Groupe de Recherche en Intelligence Artificielle, Univ. d'Aix-Marseille, Luminy, 1979

[Con 83]
Conery, J.: The AND/OR Model for Parallel Interpretation of Logic Programs, Ph.D. Thesis, Dptmt. Information and Computer Science, Univ. Cal., Irvine, 1983

[DDP 84]
Dobry, T.P., Despain, A.M., Patt, Y.N.: Design Decisions Influencing the Microarchitecture for a Prolog Machine. Proceedings of the 17th Annual Workshop on Microprogramming, October 1984, pp. 217-231

[DeHo 66]
J.B. Dennis, E.C. Van Horn: Programming Semantics for multiprogrammed Computations, CACM 8, 3 (March 1866), 143-155

[DaSe 87]
W.J. Dally, C.L. Seitz: Deadlock-free message routing in multiprocessor interconnection networks, IEEE Trans. on Comp., Vol. c36, 1987

[Dij 68]
E.W. Dijkstra: Cooperating sequential Processes, in F. Genuys (ed.), Programming Languages, Academic Press, New York, 1968

[DoD 81]
Department of Defense: Programming Language ADA, Reference Manual, LNCS, Vol. 106,1981

[DSS 88]
J.G. Donnet, M.Starkey, D.B. Skillicorn: Effective algorithms for partitioning distributed programs. In Proceedings of the 7th Ann. Int. Phoenix Conf. on Computers and Communications, IEEE, 1988

[FKW 87]
G. Fox, A. Kolawa, R. Williams: The implementation of a dynamic load balancer. In M.T. Heath, ed., Hypercube Multiprocessors, p. 114, SIAM, 1987

[Fly 72]
M.J. Flynn: Some Computer Organizations and their Effectiveness, IEEE Trans. Comp. 21(9), 1972, 948-960

[Gal 86]
J.H. Gallier: Logic for Computer Science, Harper & Row, 1986

[GeMcGe 88]
N. Gehani, A.D. McGettrick: Concurrent Programming, Addison Wesley, 1988

[Gel 85]
D. Gelernter: Generative Communication in Linda, ACM Trans. Progr. Lang. Systems, Vol 7, No 1, Jan 1985, 80-112

[GrKi 90]
I. Graham, T. King: The Transputer Handbook, Prentice Hall, 1990

[HaAm 84]
R. Hasegawa, M. Amamiya: Parallel Execution of Logic Programs based on Dataflow, Proc. of the ICOT Conference, 1984, pp. 507-516

[HeHo 89]
R.G. Herrtwich, G. Hommel: Kooperation und Konkurrenz, Springer, 1989

[Herm 86]
M.V. Hermenegildo: An Abstract Machine for Restricted AND-Parallel Executions of Logic Programs, Proc. of the 3rd Int. Conf. on Logic Programming, Univ. of Texas, Austin, 1986

[Hoa 74]
C.A.R. Hoare: Monitors: An Operating System structuring Concept, CACM 17, 10 (Oct. 1974), 549-557

[Hoa 78]
C.A.R. Hoare: Communicating Sequential Processes, C.ACM 18, 8, 666-676, 1978

[INM 84]
INMOS: The Occam Programming Manual, Prentice Hall, 1984

[INM 88a]
INMOS: Occam 2 Reference Manual, Prentice Hall, 1988

[INM 88b]
INMOS: Transputer Development System, Prentice Hall

[INM 88c]
INMOS: Transputer Reference Manual, Prentice Hall 1988

[JoGo 88]
G. Jones, M. Goldsmith: Programming in Occam 2, Prentice Hall, 1988

[Kow 79]
R. Kowalski: Logic for Problem Solving, North Holland, 1979

[Kris 88]
V. Krishnaswamy, A. Sudhir, N. Carriero, D. Gelernter: The Architecture of a Linda Coprocessor, Proc. of the 15th Int. Sympos. on Computer Architecture, pp. 240-149, 1988

[Küb 88]
F.D. Kübler: MEGAFRAME Supercluster Series, Parsytec Firmenschrift

[Kur 91]
F. Kurfeß: Parallism in Logic, Vieweg, 1991
[Lei 89]
J.S. Leichter: Shared Tuple Memories, Buses and LAN's-Linda Implementation across the Spectrum of Connectivity, Yale University, YALEU/DCS/TR-714, July 1989
[Llo 84]
J.W. Lloyd: Foundations of Logic Programming, Springer, 1984
[May 90]
D. May: Transputers aun Routers: Components for Concurrent Machines, Proc. 3rd Transputer / Occam Intern. Conf., Tokyo, 1990, pp. 3-20
[MTMB 90]
D.A.P. Mitchell, J.A. Thompson, G.A. Manson, G.R. Brookes: Inside the Transputer, Backwell, 1990
[MGK 87]
H. Mühlenbein, M. Gorges-Schleuter, O. Krämer: New solutions to the mapping problem of parallel systems: the evolutionary approach. Parallel Computing, 4:269-279, 1987
[MoLi 89]
W.G.P. Mooij, A. Ligtenberg: Architecture of a Communicating Network Processor, in: E.A.M. Odijk et al. (ed.), PARLE Parallel Architectures and Languages Europe, Lecture Notes in Computer Science 365, Springer, 1989
[Mul 86]
S.J. Mullender, A.S. Tanenbaum: The Design of a Capability-based distributed Operating System, The Computer Journal, vol. 29, no. 4, 1986, pp. 289-299
[Na et al. 85]
Nakazaki, A., et al.: Design of a High Speed Prolog Machine (HPM). The 12th Annual International Symposium on Computer Architecture, 1985, pp. 191-197
[NiWa 88]
D.A. Nicole, J.S. Ward: Switching Networks for Transputer Links, IEEE Coll. on Harware Support for Communication Networks 1988, pp. 6/1-6/4
[NyDa 78]
K. Nygaard, O.J. Dahl: The Development of the SIMULA-Language, SIGPLAN Notices 19, 8 (Aug. 78), 245-272
[OpTs 71]
Opferman, D.C., Tsao-Wu, N.T.: On a class of rearrangeable switching networks, Part I: Control algorithm, Bell Syst. Tech. J., vol 50, pp.1579-1600, 1971
[Par 89]
Multicluster-2 Technical Documentation, Parsytec Firmenschrift, 1989

[Per 88]
Perihelion Ltd.: The Helios Operating System, Prentice Hall, 1988

[Pou 90]
D. Pountain, H1 - neue Transputer Generation, Virtuelle Kanäle heißen portable parallele Programme, c't 7/90, pp. 34-43

[RaHa 76]
E. Ranbold, J. Handle: A method of deadlock-free ressource allocation and flow control in packet networks; Proc. Int. Conf. Computer Communication, Toronto, 1976

[RaKa 89]
B. Ramkumar, L.V. Kale: Compiled Execution of the Reduced-Or Process Model on Multiprocessors, In Proc. of the North American Conference on Logic Programming, 1989, pp. 313-331

[Rob 65]
J.A. Robinson: A Machine oriented Logic based on the Resolution Principle, J.ACM, 12, 1, Jan. 1865

[Sha 86]
E. Shapiro: Concurrent Prolog: A progress Report, LNCS, Vol 232, 277-313, 1986

[Sha 87]
E. Shapiro (ed.): Concurrent Prolog, Collected Papers, MIT Press, Vol 1, 2, 1987

[Sha 89]
E. Shapiro: The Family of Concurrent Logic Programming Languages, ACM Computing Surveys, Vol. 21, No 3, Sept. 1989, 413-510

[She 88]
H. Shen. Self-adjusting mapping: a heuristic mapping algorithm for mapping parallel programs onto transputer networks. In J. Wexler, ed., Developing Transputer Applications, IOS, Amsterdam, 1988.

[StSh 86]
L. Sterling, E. Shapiro: The Art of Prolog, The MIT Press, 1986

[Szer 89]
P. Szeredi: Performance Analysis of the Aurora Or-Parallel Prolog System, In Proc. of the North American Conference on Logic Programming, 1989, pp. 713-732

[TiWa 84]
E. Tick, D.H.D. Warren: Towards a Pipelined Prolog Processor, Proceedings of the International Symposium on Logic Programming, pp. 29-40, 1984

[Ueda 85]
K. Ueda: Guarded Horn Clauses, Technical Report TR-103, ICOT, Tokyo, Sept. 1985

[vEK 76]
M.H. Van Emden, R. Kowalski: The Semantics of Predicate Logic as a Programming Language, J.ACM, 23(4), 1976, 733-742

[vWij 75]
van Wijngaarden et al.: ALGOL 68, Acta Informatica 5, 1-3 (1975), 1-236

[Wal 89]
D.J. Wallace: Supercomputing with Transputers, Edinburgh Preprint 1989

[War 83]
Warren, D.H.D.: An Abstract Prolog Instruction Set, SRI International AI Research Center, Computer Science and Technology Division, Note 309, 1983

[Wil 89]
W.W. Wilke et al., The IBM Victor Multiprocessor Projekt, Proceedings of the 4th Intern. Conf. on Hyperdubes, 1989

[Wir 77]
N. Wirth: Modula: a language for modular multi-programming, Softw. Pract. Exper. 7 (1977), 3-35

[Wir 82]
N. Wirth: Programming in Modula-2, Springer, 1982

[WuFe 80]
C.Wu, T. Feng: On a Class of Multistage Interconnection Networks, IEEE Trans. Computers, Vol C-29, No 8, Aug. 1980, pp. 694-702

[YaAi 87]
R. Yang, H. Aiso: P-PROLOG: A Parallel Logic Language based on Exclusive Relation, New Generation Computing, 5, 1987, 79-95

Index